从新手到高手完全技能进阶系列

谭予星 王照 主编

中文版

U0352079

Illustrator

从新手到高手完全技能进阶

北京日报出版社

图书在版编目（CIP）数据

中文版 Illustrator 从新手到高手完全技能进阶 / 谭
予星，王照主编. -- 北京 ：北京日报出版社，2017.5
　ISBN 978-7-5477-2433-0

　Ⅰ. ①中… Ⅱ. ①谭… ②王… Ⅲ. ①图形软件
Ⅳ. ①TP391.412

　中国版本图书馆 CIP 数据核字(2017)第 016244 号

中文版 Illustrator 从新手到高手完全技能进阶

出版发行：北京日报出版社

地　　址：北京市东城区东单三条 8-16 号东方广场东配楼四层

邮　　编：100005

电　　话：发行部：(010) 65255876
　　　　　　总编室：(010) 65252135

印　　刷：北京市燕山印刷厂

经　　销：各地新华书店

版　　次：2017 年 5 月第 1 版
　　　　　　2017 年 5 月第 1 次印刷

开　　本：787 毫米×1092 毫米　1/16

印　　张：20.5

字　　数：425 千字

定　　价：39.80 元（随书赠送光盘 1 张）

绘制圆角矩形

"用顶层对象建立"命令变形图形

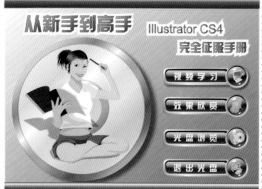

光盘界面设计——从新手到高手

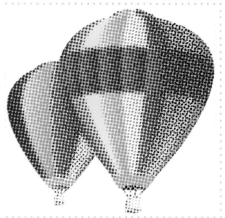

彩色半调

使用斑点画笔工具绘制图形

"用网格建立"命令变形图形

应用"复古"符号

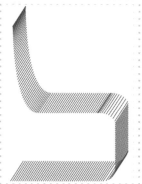

编辑混合效果

绕转

创建直排文字

绘制矩形

录制动作

应用霓虹效果

涂抹

创建反相蒙版

镜像图形

绘制光晕

使用网格工具填充图形

应用"3D 符号"

使用皱褶工具使图形变形

使用实时上色选择工具填充图形

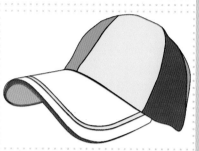

使用实时上色工具填充图形

分割图形

应用 3D 效果

使用"渐变"面板填充图形

移动与复制路径

复制与粘贴对象

绘制闭合路径

添加与删除对象

包装设计——书籍装帧

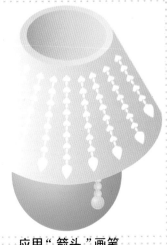

应用"箭头"画笔

绘制矩形网格

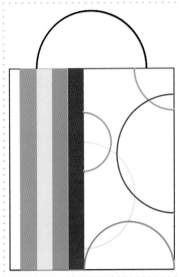

绘制弧线段

染色玻璃

创建直排路径文字

移动与还原对象

剪切与粘贴对象

内 容 提 要

本书讲解清晰明了、文字通俗易懂，从多方面讲述了 Illustrator CC 中所涉及的知识点，为读者奉献了 290 个技能实例，290 个技巧点拨，并随书赠送了 290 个技能实例并带语音讲解的视频。以精美的案例进行实践性的讲解，由浅到深、由点到面地对 Illustrator CC 的使用方法进行全面阐述。

全书共分为 13 章，内容包括： Illustrator CC 快速入门、Illustrator CC 常用操作、绘制图形、选取与编辑图形、填充与描边图形、变换图形、应用画笔与符号、编辑图层与蒙版、创建与编辑文本、创建和编辑图表、外观、图形样式与动作的应用、应用效果以及综合实例应用，读者可以融会贯通、举一反三，制作出更多更加精美的作品。

全书采用了理论与实践相结合的方式，将基础知识与实例操作相结合，适合于 Illustrator CC 初、中级读者，包括图形处理人员、平面广告设计爱好者、插画设计人员等，同时也可以作为各类计算机培训中心、中职中专、高职大专等院校及相关专业的辅导教材。

■ 软件简介

Illustrator CC 是由美国 Adobe 公司推出的一款功能强大的矢量图形绘制软件，它可以为用户迅速生成用于印刷、多媒体、Web 页面和移动设备的超凡图形。Illustrator 一直深受世界各地平面设计人员的青睐，它现在几乎可以与所有的平面、网页、动画等设计软件进行最完美的结合，包括 InDesign、Photoshop、Dreamweaver 以及 Flash 等，这使得 Illustrator 能够横跨平面、网页与多媒体的设计环境成为目前世界上专业的矢量绘图软件。

■ 本书特色 和内容编排

全书从实用的角度出发，结合 290 个典型技能实例，由浅入深地对 Illustrator CC 的核心技术：绘制图形、变换图形、应用画笔与符号、编辑图层与蒙版、创建与编辑文本、应用效果等进行了全面细致的讲解，其中每个实例都有应用技巧点拨和带语音讲解的演示视频，使读者能够轻松高效的学习。

篇 章	主 要 内 容
Illustrator CC 快速入门	主要针对初识 Illustrator 的用户，向用户介绍矢量图与位图、Illustrator CC 的安装、如何在 Illustrator CC 中管理文件等基础知识
Illustrator CC 常用操作	主要介绍控制对象的基本操作、控制工作区的显示和巧用辅助工具等内容
绘制图形	主要介绍 Illustrator CC 中基本绘图工具和各种绘图工具的使用技巧
选取与编辑图形	主要介绍如何使用各种选择工具、各种命令对图形进行选取、控制以及修剪
填充与描边图形	主要介绍如何使用填色和描边进行上色、使用工具进行单色填充和多色填充的方法，以及如何应用面板填充图形和制作图形的混合效果
变换图形	主要介绍变换图形、改变图形形状、封套扭曲变形、对齐与分布对象的操作技巧
应用画笔与符号	主要介绍新建画笔、使用画笔库、设置符号、使用符号库和应用符号工具的技巧
编辑图层与蒙版	主要介绍管理图层、应用混合模式和应用蒙版的技巧

篇　章	主　要　内　容
创建与编辑文本	主要介绍创建文本、设置文本、使用"字符"面板、使用"段落"面板、图文混排等操作技巧
创建和编辑图表	主要介绍创建图表、应用图表工具和编辑图表的操作技巧
外观、图形样式与动作的应用	主要介绍使用"外观"面板、"图形样式"面板、图形样式库和应用"动作"面板的操作技巧
应用效果	主要从实际操作中介绍各种效果的应用技巧
综合实例应用	主要通过 8 个综合实例的制作，将各知识点进行融合，灵活运用各种技巧，举一反三，充分发挥 Illustrator CC 的实用功能

■　作者信息

　　本书由谭予星、王照主编，卢明星、杜国真副主编，孟大淼、牛俊祝、张倩、王利祥编委。具体分工如下：第 1 章和第 10 章由王照编写，第 2 章由谭予星编写，第 3 章和第 7 章由孟大淼编写，第 4 章和第 8 章由杜国真编写，第 5 章和第 6 章由牛俊祝编写，第 9 章和第 11 章由张倩编写，第 12 章由卢明星编写，第 13 章由王利祥编写。王照担任主审，谭予星负责全书的统稿。

　　由于编者水平有限，书中难免存在疏漏与不当之处，敬请读者批评指正，以便我们修订和补充。

■　版权声明

编　者

目 录

Chapter 1
Illustrator CC 快速入门

Chapter 2
Illustrator CC 常用操作

Chapter 3
绘制图形

Chapter 8
编辑图层与蒙版

Chapter 9
创建与编辑文本

Chapter 10
创建和编辑图表

Chapter 11
外观、图形样式与动作的应用

Chapter 12
应用效果

Chapter 13
综合实例应用

Illustrator CC 快速入门

1

Illustrator CC 是由美国 Adobe 公司推出的一款功能强大的矢量图形绘制软件，它可以为用户迅速生成用于印刷、多媒体、Web 页面和移动设备的超凡图形。Illustrator 一直深受世界各地平面设计人员的青睐，它现在几乎可以与所有的平面、网页、动画等设计软件进行最完美的结合，包括 InDesign、Photoshop、Dreamweaver 以及 Flash 等，这使得 Illustrator 能够横跨平面、网页与多媒体的设计环境成为目前世界上专业的矢量绘图软件。

1.1 Illustrator CC 基本操作

技能 1 启动与退出 Illustrator CC

难度：★★★☆☆	技能核心：双击桌面图标和单击"退出"命令
视频：光盘/视频/第 1 章/技能 1 启动与退出 Illustrator CC.avi	时长：24 秒

实战演练

步骤 1 移动鼠标指针至桌面上的 Illustrator CC 快捷图标上，双击鼠标左键，如图 1-1 所示。

步骤 2 弹出 Illustrator 启动界面，显示程序启动信息，如图 1-2 所示。

图 1-1 双击桌面图标

图 1-2 启动界面

技巧点拨

启动 Illustrator CC 除了双击桌面上的快捷图标外，还可以单击"开始"|"所有程序"| Illustrator CC 命令。

步骤 3 稍等片刻，即可进入 Illustrator CC 工作界面，单击"文件"|"退出"命令，如图 1-3 所示。

图 1-3 单击"退出"命令

图 1-4 提示信息框

步骤 4 若在工作界面中进行了操作，在退出程序时，将弹出提示信息框（如图 1-4 所示），若单击"是"按钮，则保存文件；若单击"否"按钮，则不保存文件；若单击"取消"按钮，则取消本次操作。

技巧点拨

退出 Illustrator CC 还有以下 5 种方法：

● 单击标题栏右侧的"关闭"按钮 ✕ 。

● 按【Ctrl+Q】组合键。

● 按【Alt+F4】组合键。

● 在电脑桌面任务栏上的 Illustrator CC 程序按钮上，单击鼠标右键，在弹出的快捷菜单中选择"关闭"选项。

● 在窗口标题栏上，单击鼠标右键，在弹出的快捷菜单中选择"关闭"选项。

技能 2　新建文件

难度：★★★★★	技能核心：新建文档取向
视频：光盘/视频/第 1 章/技能 2 新建文件.avi	时长：36 秒

实战演练

步骤 1　启动 Illustrator CC，单击"文件"|"新建"命令，或者按【Ctrl+N】组合键。

步骤 2　弹出"新建文档"对话框，在其中单击"横向"按钮 ，如图 1-5 所示。

步骤 3　单击"确定"按钮，即可创建"未标题-1"文档，如图 1-6 所示。

图 1-5　单击"横向"按钮　　　　图 1-6　"未标题-1"文档

技能 3　打开文件

素材：光盘/素材/第 1 章/吉他.ai	
效果：无	
难度：★★★★★	
技能核心："打开"命令	
视频：光盘/视频/第 1 章/技能 3 打开文件.avi	
时长：28 秒	

步骤 1 单击"文件"|"打开"命令,弹出"打开"对话框,在其中选择一幅素材图形,如图 1-7 所示。

步骤 2 单击"打开"按钮,即可打开素材图形,如图 1-8 所示。

图 1-7　选择素材图形　　　　　　　　　　图 1-8　打开的素材图形

 技巧点拨

打开文件还有以下 2 种方法:

● 按【Ctrl+O】组合键。

● 在 AI 格式的文件上双击鼠标左键。

技能 4 置入文件

素材:光盘/素材/第 1 章/炫彩.ai	
效果:无	
难度:★★★★★	
技能核心:"置入"命令	
视频:光盘/视频/第 1 章/技能 4 置入文件.avi	
时长:23 秒	

步骤 1 单击"文件"|"置入"命令,弹出"置入"对话框,在其中选择一幅素材图形,如图 1-9 所示。

步骤 2 单击"置入"按钮,弹出的"置入"对话框,在其中选择相应的选项,单击"置入"按钮,即可将素材图形置入当前文档中,如图 1-10 所示。

技巧点拨

Illustrator CC 的兼容性非常强大，除了源文件的 AI 格式外，还可以置入 PSD、TIFF、DWG 和 PDF 等格式，并且所置入的文件素材将全部置于当前文档中。

图 1-9 选择素材图形

图 1-10 置入的素材图形

技能 5 还原与恢复文件

素材：光盘/素材/第 1 章/MM.ai	
效果：无	
难度：★★☆☆	
技能核心："还原"与"恢复"命令	
视频：光盘/视频/第 1 章/技能 5 还原与恢复文件.avi	
时长：50 秒	

↗ **实战演练**

步骤 1 单击"文件"|"打开"命令，打开一幅素材图形，如图 1-11 所示。

步骤 2 使用选择工具选中红色衣服区域，按【Delete】键将其删除，然后移动人物手镯的位置，图形效果如图 1-12 所示。

图 1-11 素材图形

图 1-12 图形效果

步骤 3 单击"编辑"|"还原移动"命令，即可将素材图形还原至移动手镯图形之前的效果，如图1-13所示。

步骤 4 单击"文件"|"恢复"命令，将弹出提示信息框，如图1-14所示。

步骤 5 单击"恢复"按钮，即可将素材图形恢复至打开时的图像效果，如图1-15所示。

技巧点拨

使用"还原"命令可以使所编辑的图形文件恢复到操作后的前一步状态，若用户对图形进行了多次编辑操作，则可以多次使用"还原"命令将图形还原到需要的状态。

使用"恢复"命令可以将所编辑的图形文件恢复至打开时的状态。

图1-13 还原图形后的效果　　　　图1-14 提示信息框　　　　图1-15 恢复图形

技能 6 存储与关闭文件

素材：光盘/素材/第1章/风华集团.ai	
效果：光盘/素材/第1章/技能6 存储与关闭文件.ai	
难度：★★★☆☆	
技能核心："存储为"与"关闭"命令	
视频：光盘/视频/第1章/技能6 存储与关闭文件.avi	
时长：1分29秒	

↗ 实战演练

步骤 1 单击"文件"|"打开"命令，打开一幅素材图形，并调整图形大小，效果如图1-16所示。

步骤 2 单击"文件"|"存储为"命令，弹出"存储为"对话框，设置保存路径、文件名和保存类型，如图1-17所示。

图 1-16 素材图形

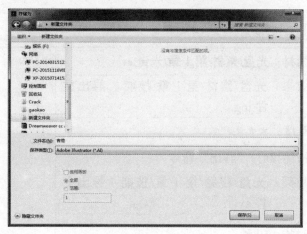

图 1-17 "存储为"对话框

 技巧点拨

存储文件时除了使用命令外，还可以按【Ctrl+S】组合键保存文件。

另存文件时除了使用命令外，还可以按【Ctrl+Shift+S】组合键，将文件保存到所需路径。

步骤 3 单击"保存"按钮，弹出"Illustrator 选项"对话框，在其中设置"版本"为 Illustrator CC，如图 1-18 所示。

步骤 4 单击"确定"按钮即可返回工作区，单击"文件"｜"关闭"命令（如图 1-19 所示），即可关闭该文档。

图 1-18 "Illustrator 选项"对话框

图 1-19 单击"关闭"命令

 技巧点拨

关闭文件还有以下两种方法：

● 按【Ctrl+W】组合键。

● 在文档标题栏上单击"关闭"按钮 ✕ 。

技能 7 导出文件

素材：光盘/素材/第 1 章/米奇.ai	
效果：光盘/素材/第 1 章/技能 7 导出文件.jpg	
难度：★★ ★ ★ ★	
技能核心："导出"命令	
视频：光盘/视频/第 1 章/技能 7 导出文件.avi	
时长：59 秒	

↗ 实战演练

步骤 1 单击"文件"|"打开"命令，打开一幅素材图形，单击"文件"|"导出"命令，如图 1-20 所示。

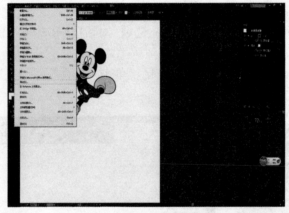

图 1-20 单击"导出"命令

步骤 2 弹出"导出"对话框，在其中设置图像的保存路径、文件名和保存类型，如图 1-21 所示。

图 1-21 设置保存路径、文件名和保存类型

步骤 3　单击"导出"按钮，弹出"JPEG 选项"对话框，在其中设置"品质"为 8、"颜色模型"为 CMYK（如图 1-22 所示），单击"确定"按钮即可导出该图像。

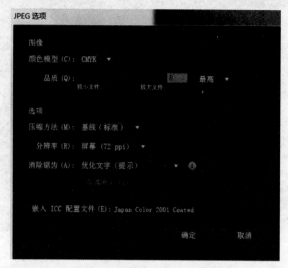

图 1-22　"JPEG 选项"对话框

 技巧点拨

　　常见的导出格式有 BMP、SWF、JPEG、TIFF、PSD 和 PNG 等，用户可以根据需要设置导出的文件格式。

　　在"导出"对话框中，如果选择不同的保存类型，单击"保存"按钮后所弹出的对话框也会有所不同。

1.2　Illustrator CC 新增功能

技能 8　"新增功能"对话框

素材：无	效果：无
难度：★★★★★	技能核心："帮助"新增功能
视频：光盘/视频/第 1 章/技能 8 新增功能.avi	时长：38 秒

 实战演练

步骤 1　单击"帮助"｜"新增功能"命令，弹出对话框，如图 1-23 所示。
步骤 2　单击视频缩略图，可以播放相关的视频短片。

图 1-23　新增功能

技能 9　多种新增功能介绍

素材：无	效果：无
难度：★★★★★	技能核心：多种新增功能介绍
视频：技能 9 新增功能介绍.avi	时长：4 分 57 秒

实战演练

新增功能 1　增强的自由变换工具。使用自由变换工具时，会显示一个窗格，其中包含了可以在所选对象上执行的操作，如透视扭曲和自由扭曲等。

新增功能 2　在 Behance 上共享作品。使用"文件" | "在 Behance 上共享"命令，可以将作品直接发布到 Behance。Behance 是一个展示作品和创意的在线平台。这个平台上，不仅可以大范围、高效率地传播作品，还可以从任何具有 Behance 账户的人中，征求他们对作品的意见。

新增功能 3　云端同步设置。使用多台计算机工作时，管理和同步首选项可能很费事，并且容易出错。Illustrator CC 可以将工作区设置（包括首选项、预设、画笔和库）同步到 Creative Cloud，此后使用其他计算机时，只需将各种设置同步到计算机上，即可享受在相同环境中工作的无缝体验。同步操作非常简单，只需单击 Illustrator 文档窗口坐下角的同步图标，打开与一个菜单，单击"立即同步设置"即可。

新增功能 4　多文件置入功能。新增的多文件置入功能（"文件" | "置入"命令）可以同时导入多个文件。导入时可查看文件的缩览图、定义文件置入的精确位置和范围。

新增功能 5　自动生成边角图案。Illustrator CC 可以非常轻松地创建图案画笔。

新增功能 6　可下载颜色资源的"Kuler"面板。将计算机连接到互联网后，可以通过"Kuler"面板访问和下载由在线设计人员社区创建的数千个颜色组，为颜色提供参考。

新增功能 7　可下生成和提取 CSS 代码。CSS 即级联样式表，它是一种用来表现 HTML 或

XML 等文件样式的计算机语言。使用 Illustrator CC 创建 HTML 页面的版式时，可以生成和导出基础 CSS 代码，这些代码用于决定页面中组件和对象的外观。

新增功能 8　　可导出 CSS 的 SVG 图形样式。使用"文件"|"存储为"命令将图稿存储为 SVG 格式时，可以将所有 CSS 样式与其关联的名称一同导出，以便于不同的设计人员识别和重复使用。

 | **1.3　设置视图与窗口的显示**

技能 10 | **切换图形显示模式**

素材：光盘/素材/第 1 章/果汁杯.ai	
效果：无	
难度：★★☆☆☆	
技能核心："视图"命令	
视频：光盘/视频/第 1 章/技能 10 切换图形 　　　显示模式.avi	
时长：1 分 4 秒	

实战演练

步骤 1　单击"文件"|"打开"命令，打开一幅素材图形，如图 1-24 所示。

步骤 2　单击"视图"|"轮廓"命令，图形将以轮廓线的方式显示，如图 1-25 所示。

图 1-24　素材图形

图 1-25　图形轮廓

 技巧点拨

　　视图的显示模式主要有轮廓、叠印预览和像素预览 3 种，其中轮廓显示模式较为特殊。当用户打开的素材图形为 PSD、JPEG、TIFF 等格式时，如果使用轮廓显示模式，工作区将是一片空白，这是因为轮廓显示模式主要针对的是路径。

步骤 3　单击"视图"|"叠印预览"命令，图形将以叠印预览的方式显示。

步骤 4 单击"视图"│"像素预览"命令，然后在窗口下方的状态栏上单击"文档显示比例"下拉按钮，在弹出的下拉列表中选择400%选项，即可将图形以像素预览的方式显示。

技巧点拨

视图的3种显示模式的含义如下：

● 轮廓：主要以轮廓线的方式显示，可以方便用户控制图形中的轮廓线。

● 叠印预览：主要是对要印刷的图形色彩进行及时调整，当绘制的图形所填充的颜色相互叠加时，位于上一层的颜色会覆盖位于下一层的颜色，在印刷时图形颜色叠加的位置将会印刷出两种颜色，使用叠印预览模式后，可以避免图形重叠颜色的状况发生。一般在使用此种模式后，图形的颜色会比其他视图颜色略暗一些。

● 像素预览：可将原本是矢量图形的图像以位图图像的方式显示出来。

技能 11 调整屏幕显示模式

素材：光盘/素材/第1章/蝴蝶手机标志.jpg	效果：无
难度：★★★★★	技能核心："更改屏幕模式"按钮
视频：光盘/视频/第1章/技能11 调整屏幕显示模式.avi	时长：1分2秒

实战演练

步骤 1 单击"文件"│"打开"命令，打开一幅素材图形，单击工具箱底部的"更改屏幕模式"按钮 ，在弹出的选项中选择"带有菜单栏的全屏模式"选项，工作界面即可以带有菜单栏的全屏模式显示，效果如图1-26所示。

步骤 2 选择"全屏模式"选项，工作界面即可以全屏模式显示，效果如图1-27所示。

图1-26 带有菜单栏的全屏模式

图1-27 全屏模式

技巧点拨

在 Illustrator CC 中，按【F】键可以快速对屏幕的显示模式进行切换。此外，无论在哪一种模式下，按下【Tab】键都可以隐藏工具面板、面板和控制面板，再次按下【Tab】键可以显示被隐藏的项目。

技能 12 | 移动窗口

难度：★★★★★	技能核心：单击鼠标左键并拖曳
视频：光盘/视频/第 1 章/技能 12 移动窗口.avi	时长：23 秒

 **实战演练**

步骤 **1** 将鼠标指针移至窗口的标题栏上，如图 1-28 所示。

步骤 **2** 单击鼠标左键并向桌面的左上方拖曳，至合适位置后释放鼠标，即可完成窗口的移动操作，如图 1-29 所示。

图 1-28 移动鼠标指针至标题栏上 　　　　　　图 1-29 移动窗口

 技巧点拨

移动素材文件窗口和移动程序窗口的操作是一样的，尤其是当素材文件较多时，用户可以根据需要移动素材文件窗口并调整其大小，以便进行多窗口的操作。

1.4 控制工具箱与浮动面板

技能 13 | 显示和隐藏工具箱

难度：★★★★★	技能核心："工具"命令	
视频：光盘/视频/第 1 章/技能 13 显示和隐藏工具箱.avi		时长：35 秒

 **实战演练**

步骤 **1** 启动 Illustrator CC 后，默认状态下工具箱位于工作界面的左侧，单击"窗口"|"工具"|"默认"命令，如图 1-30 所示。

步骤 **2** 执行上述操作后，即可隐藏工具箱，再次单击"窗口"|"工具"|"默认"命令，即可显示工具先。

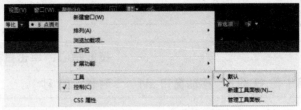

图 1-30　单击"工具"命令

在工具箱中提供了常用的图形编辑工具、处理工具等,当用户需要使用某种工具时,只需要选取该工具即可。

技能 14　显示与隐藏浮动面板

难度：★★★★★	技能核心："分色预览"命令和"折叠为图标"按钮
视频：光盘/视频/第 1 章/技能 14　显示与隐藏浮动面板.avi	时长：39 秒

↗ 实战演练

步骤 1　单击"窗口"｜"分色预览"命令,弹出"分色预览"浮动面板,如图 1-31 所示。

步骤 2　单击浮动面板上的"折叠为图标"按钮◀◀,可隐藏浮动面板,单击▶▶按钮即可显示出浮动面板,如图 1-32 所示。

图 1-31　"分色预览"浮动面板

图 1-32　隐藏浮动面板

技能 15　控制浮动面板的位置和大小

难度：★★★★★	技能核心：单击鼠标左键并拖曳
视频：光盘/视频/第 1 章/技能 15　控制浮动面板的位置与大小.avi	时长：43 秒

↗ 实战演练

步骤 1　单击"窗口"｜"色板"命令,即可显示"色板"浮动面板,如图 1-33 所示。

步骤 2　在"色板"浮动面板的标题栏上,单击鼠标左键并拖曳,即可移动该面板的位置,如图 1-34 所示。

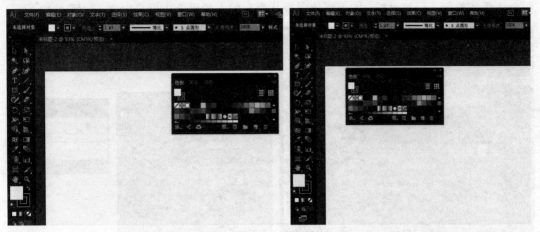

图 1-33　显示浮动面板　　　　　　　　图 1-34　移动浮动面板

步骤 3　移动鼠标指针至浮动面板边框的右下角上，当鼠标指针呈倾斜的双向箭头↖形状时，单击鼠标左键并向右下方拖曳，至合适位置后释放鼠标，即可调整浮动面板的大小，如图 1-35 所示。

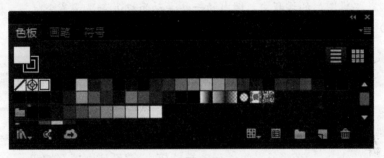

图 1-35　调整面板大小

技巧点拨

　　每个浮动面板都有各自的特殊性与功能，且面板底部有一些常用的功能按钮，在一定的条件下，这些按钮才可以使用；否则，当鼠标指针移至按钮上时，将会出现◎图标形状。

技能 16　组合和拆分浮动面板

难度：★★☆☆☆	技能核心：单击鼠标左键并拖曳
视频：光盘/视频/第 1 章/技能 16 组合和拆分浮动面板.avi	时长：1 分 11 秒

实战演练

步骤 1　在 Illustrator CC 的工作界面中，调出多个浮动面板，以调出"图层"和"色板"为例。

步骤 2　在"图层"浮动面板的"图层"标签上，单击鼠标左键并拖曳至"色板"面板的下方，即可组合面板，如图 1-36 所示。

步骤 3　在"色板"浮动组合面板中，在需要拆分面板标签上，单击鼠标左键并拖曳至该组合面板的外侧，释放鼠标，即可将该面板从原来的面板组合中拆分出来，如图1-37所示。

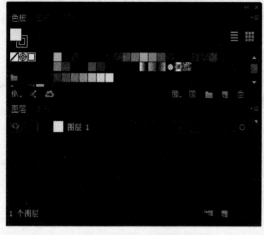

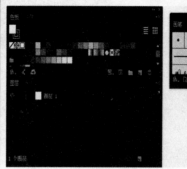

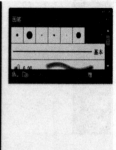

图1-36　组合浮动面板　　　　　　　图1-37　拆分浮动面板

技巧点拨

在绘制或编辑图形的过程中，调出的一些浮动面板上会显示多个标签，通常称此类面板为浮动组合面板。

1.5　管理画板

技能 17　创建画板

难度：★★★☆☆	技能核心："新建画板"按钮
视频：光盘/视频/第1章/技能17 创建画板.avi	时长：58秒

实战演练

步骤 1　单击"文件"｜"新建"命令，创建"未标题-1"文档，在工具箱中选取画板工具，此时工作界面的显示有所变化，如图1-38所示。

步骤 2　在画板工具属性栏上，单击"画板选项"按钮，即弹出画板选项对话框，单击"预设"下拉按钮选择 A4 选项，单击"确定"按钮，即可创建一个 A4 大小的画板，如图1-39所示。在"面板选项"对话框中，用户也可以在"预设"的下拉列表中设定所需要胡纸张 "宽度"和"高度"。

图 1-38　工作界面

图 1-39　画板选项

 技巧点拨

　　使用"画板工具"中的"新建画板"按钮，可以创建多个面板，在一个文档中最多可以创建 100 个大小各异的画板区域，并可以任意对它们进行重叠、并排或堆叠，也可以单独或一起存储、导出及打印画板文件。

技能 18　编辑画板

难度：★★★★★	技能核心："画板选项"对话框
视频：光盘/视频/第 1 章/技能 18 编辑画板.avi	时长：29 秒

实战演练

步骤 1　创建并选中画板后，在工具属性栏上单击"画板选项"按钮▤，即可弹出"画板选项"对话框，在其中进行相应的参数设置，"方向"为横向，在"显示"选项卡中把 3 个复选框全部选中，如图 1-40 所示。

步骤 2　单击"确定"按钮，此时的画板效果如图 1-41 所示。

图 1-40　"画板选项"对话框

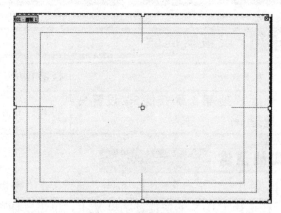

图 1-41　编辑画板

技巧点拨

在编辑画板的过程中，一定要选取画板工具 ，然后才能对所选择的画板进行编辑或移动操作；若选择其他工具，则工作窗口将返回默认工作状态。

技能 19 删除画板

难度：★☆☆☆☆	技能核心："删除画板"按钮	
视频：光盘/视频/第 1 章/技能 19 删除画板.avi		时长：38 秒

实战演练

步骤 1 创建多个画板后，选取画板工具 ，选中不需要的画板，如图 1-42 所示。

步骤 2 选中需要删除的面板，单击键盘上的【Delete】键，即可将选择的画板删除，如图 1-43 所示。

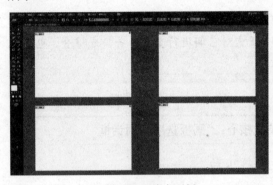
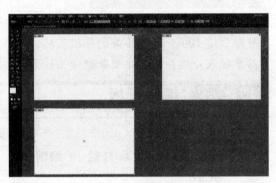

图 1-42 选中画板　　　　　　　　　　图 1-43 删除画板

 技巧点拨

除了单击"删除画板"按钮外，还可以按【Delete】键将画板删除，删除画板后，系统将自动选中所删除画板的前一个画板。

1.6 优化软件

技能 20 设置快捷键

难度：★★☆☆☆	技能核心："键盘快捷键"命令
视频：光盘/视频/第 1 章/技能 20 设置快捷键.avi	时长：1 分 9 秒

实战演练

步骤 1 新建一个空白文档后，单击"编辑"｜"键盘快捷键"命令，弹出"键盘快捷键"对话框，在选择工具 的快捷键字母 V 上，单击鼠标左键使其处于编辑状态，然后输入需要设置的快捷键字母，如图 1-44 所示。

步骤 2 单击"确定"按钮，将弹出提示信息框，并显示相应的提示信息（如图 1-45 所示），输入自定义的文件名称后，单击"确定"按钮，选择工具的快捷键即可设置成功；单击"取消"按钮，则返回"键盘快捷键"对话框。

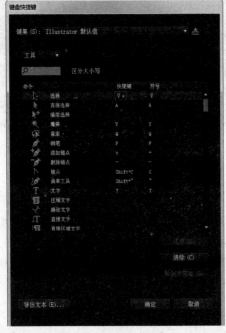

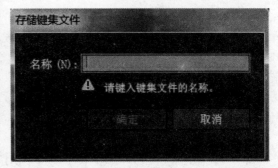

图 1-44 输入快捷键字母   图 1-45 提示信息框

 技巧点拨

　　在"键盘快捷键"对话框中，用户可以分别对菜单命令或工具按钮进行相应的快捷键设置，单击"存储"按钮，即可将所设置的快捷键保存；若不需要保存设置的快捷键，则可选中该名称，单击"清除"按钮，即可清除快捷键的设置。

　　另外，若用户所设置的快捷键已被其他命令或按钮使用，此时对话框底部将显示提示信息，单击底部的"转到"按钮，可以将已经指定的快捷键转移到当前命令，而原命令快捷键自动取消。

技能 21	设置首选项

素材：光盘/素材/第 1 章/名媛时尚.ai	效果：无
难度：★★ ★ ★ ★	技能核心："首选项"对话框
视频：光盘/视频/第 1 章/技能 21 设置首选项.avi	时长：46 秒

 实战演练

步骤 1 单击"文件"｜"打开"命令，打开一幅素材图形，如图 1-46 所示。

步骤 2 单击"编辑"｜"首选项"｜"增效工具和暂存盘"命令，弹出"首选项"对话框，在"暂存盘"选项区中分别设置"主要"和"次要"的暂存盘符，（如图 1-47 所示），单击"确定"按钮即可，此设置将在程序下次启动时生效。

图1-46 素材图形　　　　　　　　　　图1-47 "首选项"对话框

技巧点拨

　　在"暂存盘"选项区中,用户可以将电脑系统中磁盘空间最大的分区作为主要暂存盘,磁盘空间较小的则作为次要暂存盘,当在使用软件处理较大的图形文件,并且主要暂存盘空间已满时,系统会自动将次要暂存盘设定为磁盘空间,并作为缓存来存储数据。另外,用户最好不要将系统盘作为主要暂存盘,防止频繁读写硬盘数据而影响操作系统的运行速度。

1.7　打印文件

技能 22　设置打印份数、取向及缩放

素材:光盘/素材/第1章/蝴蝶手机.jpg	
效果:无	
难度:★★★★★	
技能核心:选择"常规"选项	
视频:光盘/视频/第1章/技能22 设置打印份数、取向及缩放.avi	
时长:1分45秒	

实战演练

步骤 1　单击"文件"|"打开"命令,打开一幅素材图像,选中图像并在图像上单击鼠标右键,在弹出的快捷菜单中选择"变换"|"旋转"选项,弹出"旋转"对话框,设置"角度"为90,单击"确定"按钮,效果如图1-48所示。

步骤 2　单击"文件"|"打印"命令,弹出"打印"对话框,选择"常规"选项,在其中设置打印份数,在"介质大小"选项区中,可取消"自动旋转"复选框来设置图像的取向,在"选项"选项区中选中"缩放"下拉按钮的"自定"选项,并设置"宽度"和"高度",将鼠标指针移至预览框中,单击鼠标左键并拖曳,调整图像的位置,如图1-49所示。

图 1-48　旋转后的图像效果

图 1-49　设置份数、取向及缩放参数

 技巧点拨

不论是文本对象，还是应用了各种特殊效果的图形或图像，都可以根据用户的需要，设置不同的打印参数，并将其进行打印输出。

打印不仅需要设置打印机的属性，还需要在 Illustrator CC 中设置打印的相关选项，才能保证文字、图形或图像以最佳方式打印输出。

技能 23　设置标记与出血尺寸

难度：★★★★★	技能核心：切换至"标记和出血"选项卡
视频：光盘/视频/第 1 章/技能 23 设置标记与出血尺寸.avi	时长：58 秒

实战演练

步骤 **1**　打开技能 22 的效果图形，单击"打印"命令，弹出"打印"对话框，切换至"标记和出血"选项卡，在"标记"选项区中设置"印刷标记类型"和"裁切标记粗细"等选项，如图 1-50 所示。

步骤 **2**　在"出血"选项区中，取消选择"使用文档出血设置"复选框，并在各数值框中输入相应的数值，如图 1-51 所示。

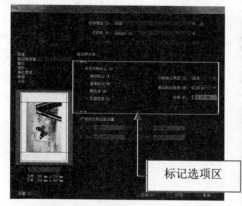

标记选项区

图 1-50　设置标记参数

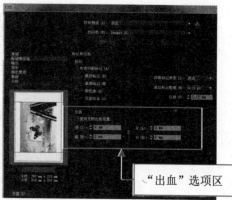

"出血"选项区

图 1-51　设置出血参数

技能 24	设置颜色管理与分辨率

难度：★★☆☆☆	技能核心：分别切换至"颜色管理"和"高级"选项卡

视频：光盘/视频/第 1 章/技能 24 设置颜色管理与分辨率.avi	时长：1 分

↗ 实战演练

步骤 1 打开技能 23 的效果图形，选择"颜色管理"选项，在"打印方法"选项区中进行相应的参数设置，如图 1-52 所示。

步骤 2 选择"高级"选项，在"叠印和透明度拼合器选项"选项区中，单击"预设"下拉按钮，在弹出的下拉列表中选择"[高分辨率]"选项（如图 1-53 所示），安装好打印机后，单击"打印"按钮即可打印该图像。

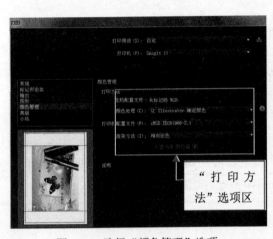

图 1-52　选择"颜色管理"选项

图 1-53　选择"高级"选项

技巧点拨

　　在"叠印和透明度拼合器选项"选项区中，单击"预设"下拉列表框右侧的"自定"按钮，将弹出"自动透明度拼合器选项"对话框，用户可以在其中进行更加精确的设置。

2

Illustrator CC 常用操作

　　在创建或编辑图形之前，用户需要掌握 Illustrator CC 的一些常用操作，为以后更好地设计图形奠定良好的基础。

　　本章主要介绍控制对象的基本操作、控制工作区的显示和巧用辅助工具等内容。

2.1 控制对象的基本操作

技能 25	选择对象

素材：光盘/素材/第 2 章/杯子.ai	
效果：光盘/效果/第 2 章/技能 25 选择对象.ai	
难度：★☆☆☆☆	
技能核心：选择工具	
视频：光盘/视频/第 2 章/技能 25 选择对象.avi	
时长：25 秒	

实战演练

步骤 1　单击"文件"│"打开"命令，打开一幅素材图形，使用选择工具在需要选择的图形上单击鼠标左键，即可选中该对象，如图 2-1 所示。

步骤 2　拖曳鼠标至合适位置后释放鼠标，即可调整所选对象的位置，图形效果如图 2-2所示。

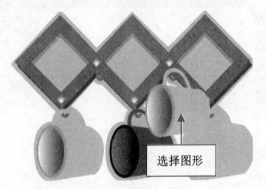

选择图形

图 2-1　选择图形

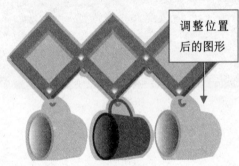

调整位置后的图形

图 2-2　调整图形位置

技巧点拨

　　在任何一款软件中，选择对象是使用频率最高的操作。在操作过程中，不论是修改对象还是删除对象，都必须先选择相应的对象，才能对对象进行进一步操作。因此，选择对象可以说是一切操作的前提。

技能 26	添加与删除对象

素材：光盘/素材/第 2 章/魅力无限.ai、人物.ai	效果：光盘/素材/第 2 章/技能 26 添加与删除对象.ai
难度：★★★☆☆	技能核心："置入"与"清除"命令
视频：光盘/视频/第 2 章/技能 26 添加与删除对象.avi	时长：1 分 36 秒

↗ 实战演练

步骤 1 　单击"文件"｜"打开"命令，打开一幅素材图形，如图2-3所示。

步骤 2 　单击"文件"｜"置入"命令，在弹出的"置入"对话框中选择"人物"素材图形，单击"置入"按钮，将所选图形置入当前文档中，即成功添加对象，效果如图2-4所示。

添加人物图形

图2-3　素材图形　　　　　　　　　　　　图2-4　添加对象

步骤 3 　选取工具箱中的选择工具 ▶，在图形中选择需要删除的图形对象，如图2-5所示。

步骤 4 　单击"编辑"｜"清除"命令，即可将所选择的图形对象删除，如图2-6所示。

选择对象

删除对象

图2-5　选择图形对象　　　　　　　　　　图2-6　删除图形对象

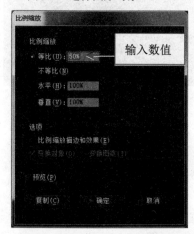

比例缩放

比例缩放
　等比(U): 50%
　不等比(N)
　水平(H): 100%
　垂直(V): 100%

选项
　比例缩放描边和效果(F)
　变换对象(O)　　变换图案(T)

预览(P)

复制(C)　　确定　　取消

输入数值

缩小人物图形

图2-7　"比例缩放"对话框　　　　　　　图2-8　缩小人物图形

步骤 5　选中人物图形并单击鼠标右键，在弹出的快捷菜单中选择"变换"｜"缩放"选项，弹出"比例缩放"对话框，在"比例缩放"右侧的数值框中输入 50%，如图 2-7 所示。

步骤 6　单击"确定"按钮，即可将人物图形等比例缩小，如图 2-8 所示。

技能 27　移动与还原对象

素材：光盘/素材/第 2 章/花的雨季.ai	
效果：无	
难度：★★★☆☆	
技能核心："移动"与"还原"选项	
视频：光盘/视频/第 2 章/技能 27 移动与还原对象.avi	
时长：1 分 10 秒	

实战演练

步骤 1　单击"文件"｜"打开"命令，打开一幅素材图形，使用选择工具选中需要移动的图形，如图 2-9 所示。

步骤 2　在图形上单击鼠标右键，在弹出的快捷菜单中选择"变换"｜"移动"选项，弹出"移动"对话框，在"水平"和"垂直"文本框中分别输入相应的数值，如图 2-10 所示。

图 2-9　选择图形

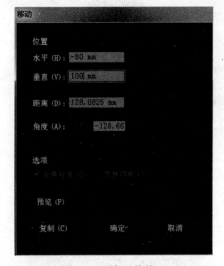

图 2-10　输入数值

技巧点拨

移动对象还有以下 3 种方法：
- 单击"对象"｜"变换"｜"移动"命令。
- 按【Ctrl+Shift+M】组合键。
- 按【Ctrl】+方向键，即可移动对象位置。

步骤 3　单击"确定"按钮，即可移动所选图形，如图 2-11 所示。

步骤 4 在图形上单击鼠标右键，在弹出的快捷菜单中选择"还原移动"选项，即可将移动的图形还原，如图2-12所示。

图2-11 移动图形

图2-12 还原图形位置

 技巧点拨

还原对象还有以下两种方法：

- 单击"编辑"｜"还原移动"命令。
- 按【Ctrl+Z】组合键。

技能28 剪切与粘贴对象

素材：光盘/素材/第2章/淑女.ai、渴望和平.ai	效果：光盘/效果/第2章/技能28 剪切与粘贴对象.ai
难度：★★★☆☆	技能核心："剪切"与"粘贴"命令
视频：光盘/视频/第2章/技能28 剪切与粘贴对象.avi	时长：1分15秒

实战演练

步骤 1 单击"文件"｜"打开"命令，打开两幅素材图形，如图2-13所示。

淑女

渴望和平

图2-13 素材图形

步骤 2　在"淑女"文档中选中"淑女"人物素材图形，单击"编辑"｜"剪切"命令，剪切图形；选择"渴望和平"文档，单击"编辑"｜"粘贴"命令，即可将淑女人物图形粘贴至此文档中，如图 2-14 所示。

步骤 3　选中人物图形后，将鼠标指针移至人物图形右上角的节点上，当鼠标指针呈倾斜的双向箭头↙形状时，单击鼠标左键并向图像的左下角拖曳，至合适位置后释放鼠标，调整各图形之间的位置，效果如图 2-15 所示。

图 2-14　粘贴人物图形　　　　　图 2-15　调整图形

　技巧点拨

在粘贴图形的过程中，用户可以选择待粘贴图形的前后位置。选中目标文件中的一个图形对象，然后单击"编辑"｜"贴在前面"命令，所剪切的图形对象将粘贴于所选择图形的前面；若单击"编辑"｜"贴在后面"命令，则所剪切的图形将粘贴于所选择图形的后面。

技能 29　复制与粘贴对象

素材：光盘/素材/第 2 章/give my dear.ai	
效果：光盘/素材/第 2 章/技能 29 复制与粘贴对象.ai	
难度：★★★☆☆	
技能核心："复制"与"粘贴"命令	
视频：光盘/视频/第 2 章/技能 29 复制与粘贴对象.avi	
时长：49 秒	

实战演练

步骤 1　单击"文件"｜"打开"命令，打开一幅素材图形，选中需要复制的图形，如图 2-16 所示。

步骤 2　单击"编辑"｜"复制"命令，再单击"编辑"｜"粘贴"命令，即可将图形复制并粘贴于该文档中，如图 2-17 所示。

图 2-16　选中图形

图 2-17　复制并粘贴图形

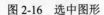　选中复制的图形，将鼠标指针移至图形右侧的节点上，单击鼠标左键并水平向左拖曳（如图 2-18 所示），至合适位置后释放鼠标。

步骤 4　将鼠标指针移至图形右下角的节点附近，当鼠标指针呈↰形状时，单击鼠标左键并旋转图形，至合适角度后释放鼠标，调整图形的大小及位置，效果如图 2-19 所示。

图 2-18　拖曳鼠标

图 2-19　调整图形的大小及位置

 技巧点拨

剪切、复制与粘贴对象可以使用快捷键操作：按【Ctrl+X】组合键剪切对象；按【Ctrl+C】组合键复制对象；按【Ctrl+V】组合键粘贴对象。

2.2　控制工作区的显示

技能 30　使用缩放工具缩放工作区

素材：光盘/素材/第 2 章/鲜果鲜尝.ai	效果：无	
难度：★★☆☆☆	技能核心：缩放工具	
视频：光盘/视频/第 2 章/技能 30 使用缩放工具缩放工作区.avi		时长：1 分 31 秒

↗ 实战演练

步骤 1　单击"文件"|"打开"命令，打开一幅素材图形，选取工具箱中的缩放工具🔍，将鼠标指针移至素材图形上，此时鼠标指针呈🔍形状，如图 2-20 所示。

步骤 2 连续单击鼠标左键两次，即可放大显示工作区，效果如图 2-21 所示。

图 2-20 鼠标指针形状   图 2-21 放大显示工作区

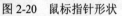 技巧点拨

放大显示工作区还有以下两种方法：
- 单击"视图"|"放大"命令。
- 按住【Alt】键的同时向前滚动鼠标滚轮。

步骤 3 按住【Alt】键，此时缩放工具的图标将呈 ⊖ 形状，在素材图形上单击鼠标左键，即可缩小显示工作区，效果如图 2-22 所示。

图 2-22 缩小显示工作区

 技巧点拨

缩小显示工作区还有以下两种方法：
- 单击"视图"|"缩小"命令。
- 按住【Alt】的同时向后滚动鼠标滚轮。

技能 31 使用抓手工具移动工作区

素材：光盘/素材/第 2 章/发射.ai	效果：无	
难度：★★★★	技能核心：抓手工具	
视频：光盘/视频/第 1 章/技能 31 使用抓手工具移动工作区.avi	时长：43 秒	

⬈ **实战演练**

步骤 1 单击"文件"|"打开"命令，打开一幅素材图形，在工具箱中选择抓手工具🖐，将鼠标指针移至素材图形上，此时鼠标指针将呈🖐形状，如图2-23所示。

步骤 2 单击鼠标左键并向上拖曳，至合适位置后释放鼠标，即可完成工作区的移动操作，如图2-24所示。

图2-23 鼠标指针形状   图2-24 移动工作区

🧭 **技巧点拨**

当所编辑的图形在工作区中无法完全显示或放大显示时，利用抓手工具可以快速地移动工作区。若双击工具箱中的抓手工具🖐，编辑窗口将自动以最合适的比例显示图像。

技能32 使用"导航器"面板控制窗口显示

素材：光盘/素材/第2章/TRY.jpg	
效果：无	
难度：★★☆☆☆	
技能核心："导航器"面板	
视频：光盘/视频/第2章/技能32 使用"导航器"面板控制窗口显示.avi	
时长：1分8秒	

⬈ **实战演练**

步骤 1 单击"文件"|"打开"命令，打开一幅素材图像；单击"窗口"|"导航器"命令，显示"导航器"浮动面板，如图2-25所示。

步骤 2 将鼠标指针移至浮动面板预览窗口中，当鼠标指针呈🖐形状时，单击鼠标左键并拖曳，即可移动面板中的红色矩形框，工作区中相应的显示内容也将有所变化，如图2-26所示。

图 2-25 "导航器"浮动面板   图 2-26 移动红色矩形框

 技巧点拨

　　用户也可以通过"导航器"浮动面板控制工作区的显示大小，单击"缩小"按钮 ，可以缩小显示图像；若单击"放大"按钮 ，则可放大显示图像。

2.3 巧用辅助工具

 技能 33 应用标尺辅助定位

素材：光盘/素材/第 2 章/时代广场.ai	效果：无
难度：★★★★★	技能核心："显示标尺"命令
视频：光盘/视频/第 2 章/技能 33 应用标尺 辅助定位.avi	时长：1 分 3 秒

实战演练

步骤 1　单击"文件"｜"打开"命令，打开一幅素材图形；单击"视图"｜"标尺"｜"显示标尺"命令，在图形编辑窗口中即可显示标尺，将鼠标指针移至标尺 X 轴和 Y 轴的原点位置，按住鼠标左键，此时鼠标指针呈 形状，如图 2-27 所示。

步骤 2　拖曳鼠标至图形编辑窗口中的标志图形中心位置后，释放鼠标，即可改变标尺原点坐标，如图 2-28 所示。

图 2-27 鼠标指针形状   图 2-28 改变标尺原点坐标

技巧点拨

在图像编辑窗口中单击鼠标右键，在弹出的快捷菜单中选择"显示标尺"选项，或者按【Ctrl+R】组合键，也可显示标尺；如果用户需要隐藏标尺，只需在图像编辑窗口中单击鼠标右键，在弹出的快捷菜单中选择"隐藏标尺"选项，或者单击"视图"｜"标尺"｜"隐藏标尺"命令，或者再次按【Ctrl+R】组合键，即可隐藏标尺。

技能 34　应用网格线辅助图形操作

素材：光盘/素材/第 2 章/播放器.ai	
效果：光盘/效果/第 2 章/技能 34 应用网格线辅助图形操作.ai	
难度：★★☆☆☆	
技能核心："显示网格"命令	
视频：光盘/视频/第 2 章/技能 34 应用网格线辅助图形操作.avi	
时长：1 分 9 秒	

让音乐传递真情

实战演练

步骤 **1**　单击"文件"｜"打开"命令，打开一幅素材图形；单击"视图"｜"显示网格"命令，即可在当前文档中显示网格线，如图 2-29 所示。

步骤 **2**　选取工具箱中的矩形工具▢，将鼠标指针移至网格中，在网格线的一个交点上单击鼠标左键并向图形右下角拖曳，至合适位置后释放鼠标，绘制一个矩形背景，如图 2-30 所示。

显示网格线

让音乐传递真情

图 2-29　显示网格线

绘制矩形背景

让音乐传递真情

图 2-30　绘制矩形背景

技巧点拨

按【Ctrl+"】组合键，也可以显示网格线，再次按【Ctrl+"】组合键，将隐藏网格线。

技能 35 应用参考线辅助图形操作

素材：光盘/素材/第 2 章/浪漫花藤.ai	
效果：光盘/效果/第 2 章/技能 35 应用参考线辅助图形操作.ai	
难度：★★★★★	
技能核心：选择"锁定参考线"选项	
视频：光盘/视频/第 2 章/技能 35 应用参考线辅助图形操作.avi	
时长：2 分 5 秒	

实战演练

步骤 1 单击"文件"｜"打开"命令，打开一幅素材图像，分别在标尺的 X 轴和 Y 轴上，单击鼠标左键并向下和向右拖曳，至合适位置后释放鼠标，即可创建水平和垂直参考线，如图 2-31 所示。

步骤 2 在参考线上单击鼠标右键，在弹出的快捷菜单中选择"锁定参考线"选项，即可锁定参考线，用户可根据参考线进行其他操作，图 2-32 所示为依据参考线添加文字后的效果。

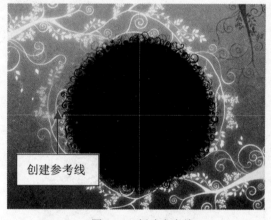

图 2-31 创建参考线

图 2-32 添加文字

技巧点拨

参考线是一种仅在编辑窗口中显示而不会被打印出来的直线，当用户在做一些需要对齐的设计工作时，如书籍装帧、VI 设计和包装设计等，参考线的设置非常重要。

另外，用户可以在"首选项"对话框中对参考线的颜色和样式进行设置。

技能 36 打包文件

素材：光盘/素材/第 2 章/give my dear.ai	
效果：无	
难度：★★☆☆☆	
技能核心：度量工具	
视频：光盘/视频/第 2 章/技能 36 打包文件.avi	
时长：1 分 52 秒	

实战演练

步骤 **1** 单击"文件"|"打开"命令，打开一幅素材图形，选取工具箱中的文字工具在需要输入的地方输入文字，如图 2-33 所示。

步骤 **2** 保存修改。

步骤 **3** 单击"文件"|"打包"命令，弹出对话框，如图 2-34 所示。

步骤 **4** 单击打包，就实现文件打包。

图 2-33 插入文本

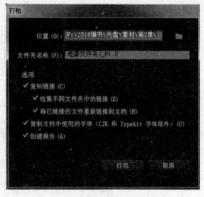

图 2-34 打包

 技巧点拨

有了文件打包功能，可以从文件中自动提出文字和图稿资源，免除了手动分离和转存工作，并可轻松实现传送文件的目的。

绘制图形

3

　　Illustrator CC 是一款专业的绘图软件，提供了丰富的绘图工具，如几何工具组、线形工具组、自由绘图工具、钢笔工具等。熟悉并掌握各种绘图工具的使用技巧，能够绘制出精美的图形，设计出完美的作品。

3.1　使用几何工具创建几何图形

技能 37　绘制矩形

素材：光盘/素材/第 3 章/圣诞快乐.ai	
效果：光盘/效果/第 3 章/技能 37 绘制矩形.ai	
难度：★★★★☆	
技能核心：矩形工具	
视频：光盘/视频/第 3 章/技能 37 绘制矩形.mp4	
时长：1 分 14 秒	

实战演练

步骤 **1**　单击"文件"|"打开"命令，打开一幅素材图形，如图 3-1 所示。

步骤 **2**　选取工具箱中的矩形工具▣，在图形编辑窗口中的合适位置单击鼠标左键并拖曳，至合适位置后释放鼠标，即可绘制一个矩形，如图 3-2 所示。

素材图形

绘制矩形

图 3-1　素材图形　　　　　　　　　图 3-2　绘制矩形

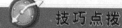　**技巧点拨**

　　选取矩形工具后，在图形编辑窗口中单击鼠标左键，将弹出"矩形"对话框，在其中可以设置矩形的"高度"与"宽度"，单击"确定"按钮，即可绘制出一个指定大小的矩形。

步骤 **3**　在矩形和图像的交接区域上绘制一个白色矩形，如图 3-3 所示。

步骤 **4**　使用选择工具，选中绘制的第一个矩形，按【Ctrl+[】组合键，将该矩形下移一层，效果如图 3-4 所示。

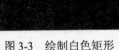绘制矩形

矩形下移

图 3-3　绘制白色矩形　　　　　　　　图 3-4　矩形下移一层

技巧点拨

利用矩形工具绘制矩形时，还有以下使用技巧：

- 按住【Shift】键进行绘制，可以绘制正方形。
- 按住【Alt】键进行绘制，可以绘制出以起始点为中心，向四周延伸的矩形。
- 按住【Shift+Alt】组合键进行绘制，可以绘制出以起始点为中心，向四周延伸的正方形。

技能 38　绘制圆角矩形

素材：光盘/素材/第 3 章/书路文化.png	
效果：光盘/效果/第 3 章/技能 38　绘制圆角矩形.ai	
难度：★★★★☆	
技能核心：圆角矩形工具	
视频：光盘/视频/第 3 章/技能 38　绘制圆角矩形.mp4	
时长：53 秒	

↗ 实战演练

步骤 1　单击"文件"｜"打开"命令，打开一幅素材图形，如图 3-5 所示。

步骤 2　选取工具箱中的圆角矩形工具 ，在编辑窗口中单击鼠标左键，弹出"圆角矩形"对话框，设置"宽度"为 160mm、"高度"为 200mm、"圆角半径"为 5mm，如图 3-6 所示。

步骤 3　单击"确定"按钮，即可绘制出一个指定大小和圆角半径的圆角矩形，如图 3-7 所示。

步骤 **4** 使用选择工具选中所绘制的圆角矩形，并将圆角矩形移至素材图形的中央，按两次【Ctrl+[】组合键，即可调整图形之间的位置，如图3-8所示。

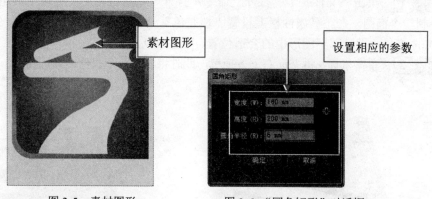

图 3-5　素材图形　　　　　　　　图 3-6　"圆角矩形"对话框

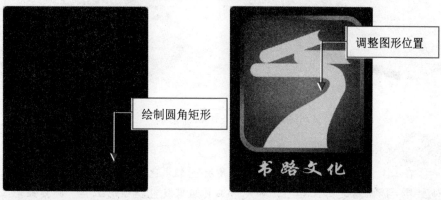

图 3-7　绘制圆角矩形　　　　　　图 3-8　调整图形位置

 技巧点拨

利用圆角矩形工具绘制圆角矩形时，还有以下使用技巧：

● 按住【Shift】键进行绘制，可以绘制出长宽相等的圆角矩形。

● 按住【Alt】键进行绘制，可以绘制出以起始点为中心，向四周延伸的圆角矩形。

● 按住【Shift+Alt】组合键进行绘制，可以绘制出以起始点为中心，向四周延伸且长宽相等的圆角矩形。

技能 39　绘制椭圆

素材：光盘/素材/第3章/蛋糕.ai	
效果：光盘/效果/第3章/技能39 绘制椭圆.ai	
难度：★★★★☆	
技能核心：椭圆工具	
视频：光盘/视频/第3章/技能39 绘制椭圆.mp4	
时长：2分22秒	

实战演练

步骤 1　单击"文件"|"打开"命令，打开一幅素材图形，选取工具箱中的椭圆工具，绘制一个椭圆，在工具属性栏上设置"填充色"为灰色（CMYK 的参数值分别为 0、0、0、40），将鼠标指针移至图形中的合适位置，如图 3-9 所示。

步骤 2　单击鼠标左键并向右下方拖曳，此时将显示一个蓝色的椭圆路径。

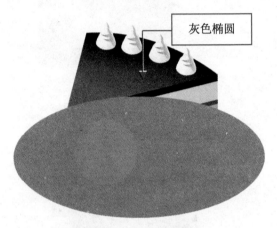

灰色椭圆

图 3-9　素材图形　　　　　　　　图 3-10　灰色椭圆

技巧点拨

　　在工具箱中，若工具图标的右下角有一个黑色的小三角形，则表示该工具中还有其他工具，通常称之为工具组，如几何工具组里就包括矩形工具、圆角矩形工具、椭圆工具和星形工具等，若要进行工具之间的切换，则可在按住【Alt】的同时在该工具图标上单击鼠标左键，即可在各工具之间进行切换。

步骤 3　释放鼠标，即可绘制一个灰色椭圆，如图 3-10 所示。按【Shift+Ctrl+[】组合键，将该图形移至图形编辑窗口的最底层，如图 3-11 所示。

步骤 4　用与上述相同的方法，绘制其他的椭圆，分别设置"填充色"为黄色和白色，并调整图形在图形编辑窗口中的位置，效果如图 3-12 所示。

移至最底层

绘制其他椭圆

图 3-11　绘制椭圆并调整位置　　　　　图 3-12　绘制其他椭圆并调整位置

技能 40 绘制多边形

素材：光盘/素材/第 3 章/花旗世界广场.png	
效果：光盘/效果/第 3 章/技能 40 绘制多边形.ai	
难度：★★★☆☆	
技能核心：多边形工具	
视频：光盘/视频/第 3 章/技能 40 绘制多边形.mp4	
时长：59 秒	花旗世界广场

↗ 实战演练

步骤 1 单击"文件"|"打开"命令，打开一幅素材图像，如图 3-13 所示。

步骤 2 选取工具箱中的多边形工具，将鼠标指针移至图形编辑窗口中，单击鼠标左键，弹出"多边形"对话框，设置"半径"为 75mm、"边数"为 11，如图 3-14 所示。

素材图像

花旗世界广场

图 3-13 素材图像

设置相应的参数

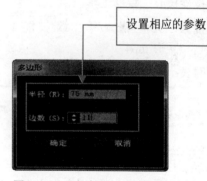

图 3-14 "多边形"对话框

🧭 技巧点拨

利用多边形工具所绘制的图形都是规则的正多边形，在"多边形"对话框中，"边数"的范围为 3～1000，数值越大，所绘制的图形用肉眼看起来就越趋向于圆形。

另外，在绘制多边形图形时，按住【Shift】键的同时在图形编辑窗口中单击鼠标左键并拖曳，绘制的多边形的底部与图形编辑窗口的底部总是水平对齐的；若按住【～】键，可以绘制出多个重叠且不同大小，但边数相同的多边形，并使之产生特殊效果。

步骤 3 单击"确定"按钮，即可绘制出一个指定大小和边数的多边形，如图 3-15 所示。

步骤 4 使用选择工具选中所绘制的多边形，按两次【Ctrl+[】组合键，将该图形下移两层，效果如图 3-16 所示。

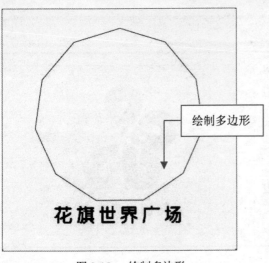

图 3-15 绘制多边形

图 3-16 调整图形位置

技能 41 绘制星形

素材：光盘/素材/第 3 章/星夜.png	
效果：光盘/效果/第 3 章/技能 41 绘制星 形.ai	
难度：★★★☆☆	
技能核心：星形工具	
视频：光盘/视频/第 3 章/技能 41 绘制星 形.mp4	
时长：31 秒	

实战演练

步骤 1　单击"文件"｜"打开"命令，打开一幅素材图像，如图 3-17 所示。

步骤 2　选择星形工具 ☆，在图形窗口中单击鼠标左键，弹出"星形"对话框，设置"半径 1"为 5mm、"半径 2"为 1mm、"角点数"为 4，如图 3-18 所示。

图 3-17 素材图像

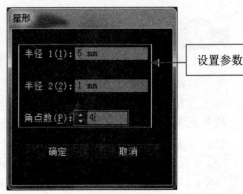

图 3-18 "星形"对话框

技巧点拨

在"星形"对话框中,"半径1"是指所绘制的星形凸角点与中心点的距离,"半径2"是指星形凹角点与中心点的距离,"角点数"是指所绘制的星形的角数。

步骤 **3** 单击"确定"按钮,即可绘制一个指定大小的四角星形,如图3-19所示。

步骤 **4** 用与上述相同的方法,绘制多个大小、角点数不同的星形,效果如图3-20所示。

绘制星形

图像效果

图3-19 绘制指定大小的星形　　　　　　　图3-20 图像效果

技能 42 ｜ **绘制光晕**

素材:光盘/素材/第3章/红色奔放.ai	
效果:光盘/效果/第3章/技能42 绘制光晕.ai	
难度:★★☆☆☆	
技能核心:光晕工具	
视频:光盘/视频/第3章/技能42 绘制光晕.mp4	
时长:51秒	

↗ **实战演练**

步骤 **1** 单击"文件"｜"打开"命令,打开一幅素材图形,如图3-21所示。

步骤 **2** 选取工具箱中的光晕工具 ,将鼠标指针移至图形的合适位置,单击鼠标左键并拖曳,至合适位置后释放鼠标,再将鼠标指针移至图形中的合适位置,如图3-22所示。

素材图形

定位鼠标

图3-21 素材图形　　　　　　　图3-22 定位鼠标

步骤 3 单击鼠标左键，即可绘制一个光晕图形，效果如图 3-23 所示。

步骤 4 用与上述相同的方法，为图像绘制其他的光晕图形，效果如图 3-24 所示。

绘制其他光晕图形

光晕图形

图 3-23 光晕图形　　　　　　　图 3-24 绘制其他光晕图形

技能 43　编辑光晕

素材：	光盘/素材/第 3 章/蝶恋.ai
效果：	光盘/效果/第 3 章/技能 43 编辑光晕.ai
难度：	★★★★★
技能核心：	"光晕工具选项"对话框
视频：	光盘/视频/第 3 章/技能 43 编辑光晕.mp4
时长：	1 分 49 秒

实战演练

步骤 1 单击"文件"|"打开"命令，打开一幅素材图形，选取工具箱中的光晕工具，在图形编辑窗口中绘制一个光晕图形，如图 3-25 所示。

步骤 2 将鼠标指针移至"光晕工具"图标上，双击鼠标左键，弹出"光晕工具选项"对话框，在其中进行相应的参数设置，如图 3-26 所示。

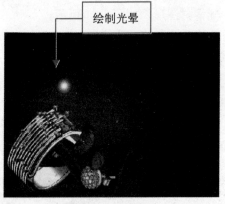

绘制光晕

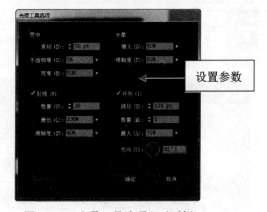

设置参数

图 3-25 绘制光晕　　　　　　　图 3-26 "光晕工具选项"对话框

步骤 3 单击"确定"按钮，然后使用选择工具选中所绘制的光晕图形，调整光晕图形在图像中的位置，如图 3-27 所示。

步骤 4 用与上述相同的方法，为图形添加合适的光晕效果，如图 3-28 所示。

图 3-27 调整光晕图形位置

图 3-28 图像效果

3.2 使用线形工具创建线形图形

技能 44 绘制线段

素材：光盘/素材/第 3 章/名片.png		效果：光盘/效果/第 3 章/技能 44 绘制线段.ai	
难度：★★★★★		技能核心：直线段工具	
视频：光盘/视频/第 3 章/技能 44 /技能 44 绘制线段.mp4			时长：26 秒

 实战演练

步骤 1 单击"文件"｜"打开"命令，打开一幅素材图像，如图 3-29 所示。

步骤 2 选取工具箱中的直线段工具▋，将鼠标指针移至图像编辑窗口中的合适位置，按住【Shift】键的同时单击鼠标左键并拖曳，至合适位置后释放鼠标，即可绘制一条直线段，如图 3-30 所示。

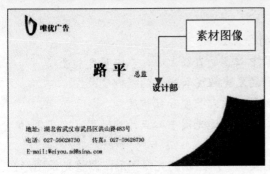

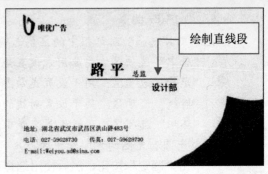

图 3-29　素材图像　　　　　　　　　　　　图 3-30　绘制直线段

 技巧点拨

在使用直线段工具绘制直线段时，按住【Shift】键可以绘制水平的直线段；若按住【Ctrl】键，则绘制的直线段为垂直线段。

技能 45　绘制弧线段

素材：光盘/素材/第 3 章/手提带.ai	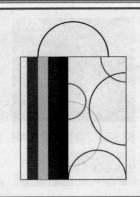
效果：光盘/效果/第 3 章/技能 45　绘制弧线段.ai	
难度：★★★★☆	
技能核心：弧形工具	
视频：光盘/视频/第 3 章/技能 45　绘制弧线段.mp4	
时长：1 分 40 秒	

⁊ 实战演练

步骤 1　单击"文件"｜"打开"命令，打开一幅素材图形，如图 3-31 所示。

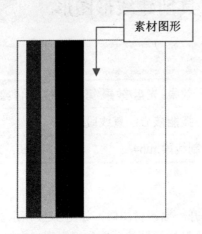

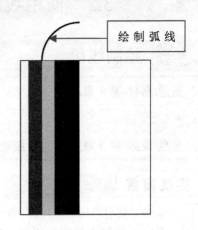

图 3-31　素材图形　　　　　　　　　　　　图 3-32　绘制弧线段

步骤 2　选中工具箱中的弧形工具，在工具属性栏中设置"填充色"为无、"描边色"为黑色、"描边粗细"为 2pt，将鼠标指针移至图形编辑窗口中，按住【Shift】键的同时在图形上的合适位置单击鼠标左键，并向图形的右上角拖曳鼠标，至合适位置后释放鼠标，即可绘制一条 45 度的弧线段，如图 3-32 所示。

步骤 3　保持上一步骤中的参数设置，将鼠标指针移至图形的合适位置，按住【Shift】键的同时，在图形上的合适位置单击鼠标左键，并向图形的左上角拖曳鼠标，至合适位置后释放鼠标，即可绘制出手提带的另一半弧线段，如图 3-33 所示。

步骤 4　用与上述相同的方法，为图形绘制其他的弧线段，效果如图 3-34 所示。

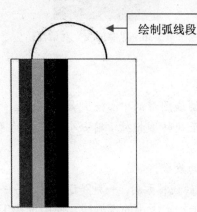
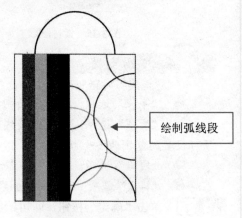

图 3-33　绘制另一半弧线段　　　　图 3-34　绘制其他弧线段

技巧点拨

在弧形工具图标上双击鼠标左键，弹出"弧线段工具选项"对话框，在其中可以设置弧线在水平和垂直方向上的长度、起始点、类型、基线轴、斜率和弧线填充

技能 46　绘制螺旋线

素材：光盘/素材/第 3 章/闹钟.ai	
效果：光盘/效果/第 3 章/技能 46 绘制螺旋线.ai	
难度：★★★★★	
技能核心：螺旋线工具	
视频：光盘/视频/第 3 章/技能 46 绘制螺旋线.mp4	
时长：1 分 26 秒	

实战演练

步骤 1　单击"文件"｜"打开"命令，打开一幅素材图形，如图 3-35 所示。

步骤 2　选取工具箱中的螺旋线工具，按住【Shift】键的同时在工具属性栏上单击描边颜色块右侧的下拉按钮，在弹出的颜色面板中选择白色，设置螺旋线的"描边粗细"为 4pt，将鼠标指针移至图形编辑窗口中，单击鼠标左键，弹出"螺旋线"对话框，设置"半径"为 70mm、"衰减"为 95%、"段数"为 50，选中逆时针样式单选按钮，如图 3-36 所示。

素材图形

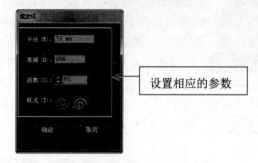

设置相应的参数

图 3-35　素材图形　　　　　　图 3-36　"螺旋线"对话框

技巧点拨

"螺旋线"对话框中的主要选项的含义如下：

● "半径"选项：设置所绘制的螺旋线图形的中心点到最外侧一点的距离。

● "衰减"选项：设置螺旋线的每个旋转圈相对于前一个旋转圈的递减率，该选项可设置的范围为 5~100。

● "段数"选项：设置组成螺旋线的段数。

● "样式"选项：设置所绘制螺旋线的旋转方向，一种是逆时针，另一种是顺时针。

步骤 3　单击"确定"按钮，即可绘制一个指定大小的螺旋线，使用选择工具移动所绘制螺旋线的位置，如图 3-37 所示。

步骤 4　选中所绘制的螺旋线，按【Ctrl+[】组合键，将螺旋线图形后移一层，在工具属性栏上设置"不透明度"为 30%，效果如图 3-38 所示。

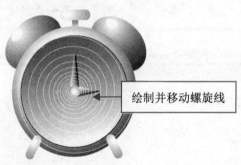

绘制并移动螺旋线

设置不透明度

图 3-37　绘制并移动螺旋线　　　　　　图 3-38　设置不透明度

技能 47　绘制矩形网格

素材：光盘/素材/第 3 章/亚爱罗大饭店.psd	
效果：光盘/效果/第 3 章/技能 47 绘制矩形网格.ai	
难度：★★★★☆	
技能核心：矩形网格工具	
视频：光盘/视频/第 3 章/技能 47 绘制矩形网格.mp4	
时长：1 分 34 秒	

实战演练

步骤 1　单击"文件"｜"打开"命令，打开一幅素材图像，如图 3-39 所示。

步骤 2　选取工具箱中的矩形网格工具 ▦，在工具属性栏上设置"描边"为黑色、"描边粗细"为 4pt，将鼠标指针移至图形编辑窗口中，单击鼠标左键，弹出"矩形网格工具选项"对话框，在"默认大小"选项区中设置"宽度"为 120mm、"高度"为 150mm；在"水平分隔线"选项区中设置"数量"为 2；在"垂直分隔线"选项区中设置"数量"为 2，如图 3-40 所示。

步骤 3　单击"确定"按钮，即可绘制一个指定大小和分隔线的矩形网格图形，选取工具箱中的选择工具选中网格，调整网格在图像中的位置，效果如图 3-41 所示

图 3-39　素材图像

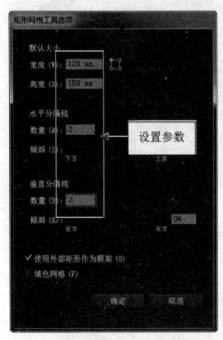

图 3-40　"矩形网格工具选项"对话框

图 3-41　调整矩形网格的位置

　技巧点拨

在绘制矩形网格图形的过程中，如果按住【Shift】键，可以绘制出正方形的网格图形；若按住【Alt】键，则可以绘制出以鼠标单击点为中心，向外延伸的矩形网格图形；若按住【Shift+Alt】组合键，则绘制出以鼠标单击点为中心向外延伸的正方形网格图形；如果按住【～】键，可以绘制多个矩形网格图形。

技能 48　绘制极坐标网格

素材：	光盘/素材/第 3 章/爱心园.ai
效果：	光盘/效果/第 3 章/技能 48　绘制极坐标网格.ai
难度：	★★★★☆
技能核心：	极坐标网格工具
视频：	光盘/视频/第 3 章/技能 48　绘制极坐标网格.mp4
时长：	38 秒

实战演练

步骤 1　单击"文件"|"打开"命令，打开一幅素材图形，如图 3-42 所示。

步骤 2　选取工具箱中的极坐标网格工具，在工具属性栏上设置"描边"为白色、"描边粗细"为 5pt，将鼠标指针移至图形编辑窗口中，单击鼠标左键，弹出"极坐标网格工具选项"对话框，在"默认大小"选项区中设置"宽度"为 150mm、"高度"为 150mm，设置"同心圆分隔线"为 4、"径向分隔线"为 4，如图 3-43 所示。

步骤 3　单击"确定"按钮，即可绘制一个指定大小和分隔线的极坐标网格图形，选取工具箱中的选择工具，选中极坐标网格图形，按【Ctrl+[】组合键，将极坐标网格图形后移一层，效果如图 3-44 所示。

素材图形

图 3-42　素材图形

设置参数

图 3-43　"极坐标网格工具选项"对话框

调整图形位置

图 3-44　调整图形位置

"极坐标网格工具选项"对话框中的主要选项区的含义如下：

● "默认大小"选项区：主要用于设置极坐标网格图形的宽度和高度。

● "同心圆分隔线"选项区：主要用来设置同心圆的数量，以及同心圆之间的间距增减的偏移方向和偏移大小。

● "径向分隔线"选项区：主要用来设置放射线的数量，以及射线之间的间距增减的偏移方向和偏移大小。

3.3　使用自由绘图工具绘制图形

技能 49　使用铅笔工具绘制图形

素材：光盘/素材/第 3 章/夹子.ai	效果：光盘/素材/第 3 章/技能 49 使用铅笔工具绘制图形.ai
难度：★★★☆☆	技能核心：铅笔工具
视频：光盘/视频/第 3 章/技能 49 使用铅笔工具绘制图形.mp4	时长：1 分 14 秒

实战演练

步骤 1　单击"文件"｜"打开"命令，打开一幅素材图形，如图 3-45 所示。

步骤 2　在"铅笔工具"图标上双击鼠标左键，弹出"铅笔工具选项"对话框，设置"保真度"为默认路径的第三个刻度，如图 3-46 所示。

图 3-45　素材图形

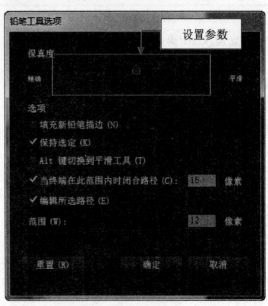

图 3-46　"铅笔工具选项"对话框

技巧点拨

在使用铅笔工具绘制图形时，若按住【Alt】键的同时拖曳鼠标，则鼠标指针将呈 形状，表示所绘制的图形为闭合路径，完成绘制后，释放鼠标并松开【Alt】键，曲线将会自动生成闭合路径。

另外，在绘制过程中，若鼠标移动的速度过快，系统就会忽略某些线条的方向或节点；若在某一处停留的时间较长，则此处将插入一个节点。

步骤 3 单击"确定"按钮，在工具属性栏上设置"填充色"为无、"描边"为黑色、"描边粗细"为 12pt，将鼠标指针移至图形编辑窗口中，单击鼠标左键并拖曳，至合适位置后释放鼠标，即可完成所需绘制的路径或图形，如图 3-47 所示。

步骤 4 用与上述相同的方法，使用铅笔工具绘制其他的图形，效果如图 3-48 所示。

绘制图形

图 3-47 绘制图形

绘制其他图形

图 3-48 绘制其他图形

技能 50 使用平滑工具修饰图形路径

素材：光盘/素材/第 3 章/夹子 2.ai	
效果：光盘/效果/第 3 章/技能 50 使用平滑工具修饰图形路径.ai	
难度：★★★★★	
技能核心：平滑工具	
视频：光盘/视频/第 3 章/技能 50 使用平滑工具修饰图形路径.mp4	
时长：1 分 11 秒	

实战演练

步骤 1 打开技能 49 的效果图形，选取工具箱中的选择工具，选中图形中所要修饰的图形路径，在平滑工具 图标上双击鼠标左键，弹出"平滑工具选项"对话框，在其中设置"保真度"滑块为第三个预设位置，如图 3-49 所示。

步骤 2 单击"确定"按钮，将鼠标指针移至需要修饰路径的锚点上，单击鼠标左键并拖曳至另一个锚点上，如图 3-50 所示。

步骤 3   释放鼠标，即可对两个锚点之间的路径进行平滑处理，且两个锚点自动消失，如图 3-51 所示。

步骤 4   用与上述相同的方法，对其他图形路径进行平滑处理，即可完成图形的修饰，效果如图 3-52 所示。

图 3-49 "平滑工具选项"对话框

图 3-50 拖曳鼠标

图 3-51 平滑后的图形

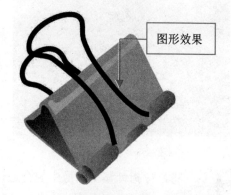

图 3-52 图形效果

技巧点拨

平滑工具是一种对路径进行修饰的工具，由于铅笔工具是一种比较灵活的绘图工具，在绘制路径时经常会绘制出不平滑的图形路径，若想绘制平滑的曲线，用户可以利用平滑工具对不平滑的图形路径进行修饰。

技能 51   使用斑点画笔工具绘制图形

素材：光盘/效果/第 3 章/花之屋.ai	
效果：光盘/效果/第 3 章/技能 51 使用斑点画笔工具绘制图形.ai	
难度：★★★★☆	
技能核心：斑点画笔工具	
视频：光盘/视频/第 3 章/技能 51 使用斑点画笔工具绘制图形.mp4	
时长：55 秒	

实战演练

步骤 **1**　单击"文件"|"打开"命令，打开一幅素材图形，如图 3-53 所示。

步骤 **2**　将鼠标指针移至"斑点画笔工具"图标 上，双击鼠标左键，弹出"斑点画笔工具选项"对话框，在其中设置"保真度"滑块为第三个预设位置，在"默认画笔选项"选项区中设置"大小"为 2pt，如图 3-54 所示。单击"确定"按钮，在工具属性栏上设置"填充色"为无、"描边颜色"的 RGB 参数值分别为 230、150、235。

图 3-53　素材图形

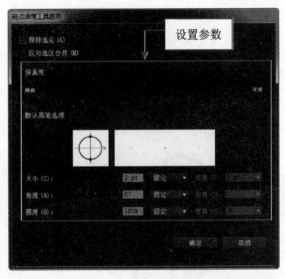

图 3-54　"斑点画笔工具选项"对话框

步骤 **3**　将鼠标指针移至图像中的合适位置，单击鼠标左键并拖曳，至合适位置后释放鼠标，即可绘制一条平滑的线条，如图 3-55 所示。

步骤 **4**　用与上述相同的方法，使用斑点画笔工具绘制其他的图形，效果如图 3-56 所示。

图 3-55　绘制线条

图 3-56　绘制其他图形

技巧点拨

斑点工具与铅笔工具有着异曲同工之妙，相同的是所绘制的图形都属于路径，但不同的是，在使用斑点画笔工具绘制图形时，图形路径会自动进行平滑处理。

技能 52 使用橡皮擦工具修饰图形

素材：光盘/素材/第 3 章/画板.ai	
效果：光盘/效果/第 3 章/技能 52 使用橡皮擦工具修饰图形.ai	
难度：★★★★★	
技能核心：橡皮擦工具	
视频：光盘/视频/第 3 章/技能 52 使用橡皮擦工具修饰图形.mp4	
时长：39 秒	

实战演练

步骤 1 单击"文件"|"打开"命令，打开一幅素材图形（如图 3-57 所示），使用选择工具选中需要修饰的图形路径。

步骤 2 选取工具箱中的橡皮擦工具，将鼠标指针移至需要修饰的图形路径上，单击鼠标左键并拖曳，即可擦除鼠标所经过的区域，如图 3-58 所示。

步骤 3 用与上述相同的方法，擦除其他需要修饰的图形路径，效果如图 3-59 所示。

图 3-57 素材图形

图 3-58 擦除图形路径

图 3-59 擦除其他图形路径

技巧点拨

在使用橡皮擦工具的过程中，由于所修饰的图形大小或范围不同，橡皮擦的大小也应该随之改变，按【[】键可以减小橡皮擦直径，按【]】键可以增大橡皮擦直径。

中文版 Illustrator 从新手到高手完全技能进阶

3.4　使用钢笔工具绘制图形路径

技能 53　绘制直线路径

| 素材：光盘/素材/第 3 章/雨伞.ai |
| 效果：光盘/效果/第 3 章/技能 53　绘制直线路径.ai |
| 难度：★★★☆☆ |
| 技能核心：钢笔工具 |
| 视频：光盘/视频/第 3 章/技能 53　绘制直线路径.mp4 |
| 时长：1 分 20 秒 |

实战演练

步骤 1　单击"文件"|"打开"命令，打开一幅素材图形，选取工具箱中的钢笔工具，在工具属性栏上设置"填充色"为白色、"描边"为白色、"描边粗细"为2pt，将鼠标指针移至图形编辑窗口中的合适位置，如图 3-60 所示。

步骤 2　单击鼠标左键，确认起始点，再移动鼠标指针至图形编辑窗口中的另一个合适位置，如图 3-61 所示。

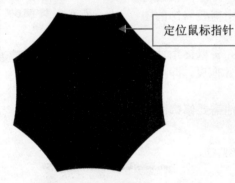
定位鼠标指针

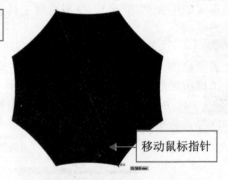
移动鼠标指针

图 3-60　确定起始点　　　　图 3-61　移动鼠标

步骤 3　单击鼠标左键，即可绘制一条白色的直线路径，如图 3-62 所示。

步骤 4　用与上述相同的方法，为图形绘制其他的直线路径，如图 3-63 所示。

绘制直线路径

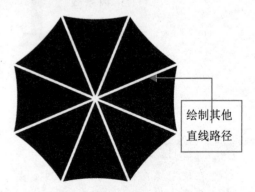
绘制其他直线路径

图 3-62　绘制直线路径　　　　图 3-63　绘制其他直线路径

技巧点拨

　　使用钢笔工具绘制路径的过程中，若按住【Shift】键，则绘制的路径为水平、垂直，或与水平、垂直方向呈 45 度角的直线段。

　　另外，在绘制完一条直线段后，单击一次钢笔工具图标，然后可以绘制第二条直线段，否则，第二条直线段的第一个节点将与第一条直线段的第二个节点同为一个节点。

技能 54　绘制曲线路径

素材：光盘/素材/第 3 章/因你而快乐.ai
效果：光盘/效果/第 3 章/技能 54　绘制曲线路径.ai
难度：★★★★☆
技能核心：单击鼠标左键并拖曳
视频：光盘/视频/第 3 章/技能 54　绘制曲线路径.mp4
时长：1 分 30 秒

实战演练

步骤 **1**　单击"文件"｜"打开"命令，打开一幅素材图形，如图 3-64 所示。

步骤 **2**　选取工具箱中的钢笔工具，在工具属性栏上设置"填充色"为无、"描边"为绿色（CMYK 参数值分别为 100、0、100、0）、"描边粗细"为 10pt，将鼠标指针移至图像编辑窗口中的合适位置，单击鼠标左键确定起始点，将鼠标指针移至另一个合适的位置，单击鼠标左键并拖曳，至合适位置后释放鼠标，即可绘制曲线路径，如图 3-65 所示。

图 3-64　素材图形

图 3-65　绘制路径

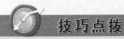
技巧点拨

曲线又称为贝赛尔曲线（Bezier），它是以潜力数学家 Pierre Bezier 的名字命名的，从数学关系上用 4 个点定义曲线的形状，通过调整方向点从而控制曲线的长短和方向。

步骤 3 按照上一步骤中的操作方法，即可为花朵绘制一条自然的花茎，如图 3-66 所示。

步骤 4 用与上述相同的方法，为图形绘制其他的曲线路径，效果如图 3-67 所示。

图 3-66　绘制花茎

图 3-67　绘制其他曲线路径

技巧点拨

钢笔工具所绘制的曲线由锚点和曲线段组成，当路径处于编辑状态时，路径的锚点将显示为实心小方块，其他的锚点则为空心小方块，如果锚点被选中，将会有一条或两条指向方向点的控制柄。另外，在使用钢笔工具绘制曲线的过程中，鼠标拖曳的距离与节点距离越远，曲线的弯曲程度就越大。

技能 55　绘制闭合路径

素材：光盘/素材/第 3 章/美丽俏佳人.ai	
效果：光盘/效果/第 3 章/技能 55 绘制闭合 　　　路径.ai	
难度：★★★★★	
技能核心：绘制闭合路径	
视频：光盘/视频/第 3 章/技能 55 绘制闭合 　　　路径.mp4	
时长：1 分 58 秒	

步骤 1 单击"文件"｜"打开"命令，打开一幅素材图形，如图 3-68 所示。

步骤 2 选取工具箱中的钢笔工具 ✎，在工具属性栏上设置"填充色"为无、"描边"为黑色，"描边粗细"为 2pt，将鼠标指针移至图像编辑窗口中的合适位置，单击鼠标左键确定起始点，将鼠标指针移至另一个合适的位置，单击鼠标左键并拖曳，至合适位置后释放鼠标，将鼠标指针移至锚点上（如图 3-69 所示），按住【Alt】键的同时单击鼠标左键，去除锚点上其中一侧的控制柄和方向点。

素材图形

移动鼠标指针至锚点上

图 3-68　素材图形　　　　　　图 3-69　移动鼠标指针至锚点上

🕐 **技巧点拨**

在绘制曲线或闭合路径时，在按住【Alt】键的同时在所编辑的锚点上单击鼠标左键，即可去除其中一侧的方向点和控制柄，从而改变曲线的方向或形状；如果按住【Ctrl】键的同时在路径的外侧单击鼠标左键，即可完成曲线的绘制。

步骤 3 将鼠标指针移至起始点上，单击鼠标左键并拖曳，至合适位置后释放鼠标，即可绘制一个闭合的路径，如图 3-70 所示。

步骤 4 使用选择工具选中所绘制的闭合路径，在工具属性栏上设置"填充色"为黑色，然后调整图形的位置，如图 3-71 所示。

绘制闭合路径

调整图形位置

图 3-70　绘制闭合路径　　　　　　图 3-71　调整图形位置

技巧点拨

　　使用钢笔工具所绘制的闭合路径，可以是直线或曲线。在曲线中，控制柄和方向点决定了曲线的走向，而方向点的方向即是曲线的切线方向，控制柄的长度则决定了曲线在该方向的深度，移动方向点，即可改变下一条曲线的方向和长度，从而改变曲线的形状。

 ## 3.5　编辑路径

技能 56	选择路径

素材：光盘/素材/第 3 章/伊人阁.ai	效果：无
难度：★ ★ ★ ★	技能核心：选择工具

视频：光盘/视频/第 3 章/技能 56 选择路径.mp4	时长：23 秒

实战演练

步骤 **1**　　单击"文件"｜"打开"命令，打开一幅素材图形，选取工具箱中的选择工具 ，将鼠标指针移至需要选择的图形路径上，如图 3-72 所示。

步骤 **2**　　单击鼠标左键，即可选中与该路径编组在一起的所有路径，选中的图形路径的所有节点呈实心方块状态，如图 3-73 所示。

图 3-72　定位鼠标指针

图 3-73　选中路径

 技巧点拨

　　使用任何一种选择工具都可以选择路径，在使用选择工具选择路径的过程中，当鼠标指针移至图形路径附近或图形上时，鼠标指针将呈可选择光标的形状 ；当鼠标指针移到某个路径的锚点上，或者已选择的路径图形上时，鼠标指针将呈可编辑光标的形状 。

技能 57	移动与复制路径

素材：光盘/素材/第 3 章/伊人阁.ai	效果：光盘/效果/第 3 章/技能 57 移动与复制路径.ai
难度：★ ★ ★ ★ ★	技能核心：【Alt】键和拖曳鼠标
视频：光盘/视频/第 3 章/技能 57 移动与复制路径.mp4	时长：1 分 37 秒

↗ **实战演练**

步骤 1 打开技能 56 的素材图形，选中需要的图形路径，按住【Alt】键的同时单击鼠标左键并拖曳，即可复制选中的图形路径，如图 3-74 所示。

步骤 2 在图形路径上单击鼠标左键并拖曳，至合适位置后释放鼠标，即可移动该路径，如图 3-75 所示。

图 3-74　复制图形路径　　　　　　　　　　图 3-75　移动图形路径

 技巧点拨

选中需要移动的路径后，双击工具箱中的选择工具图标，弹出"移动"对话框，用户可以在"位置"选项区中设置"水平"、"垂直"、"距离"和"角度"参数，单击"确定"按钮，即可对所选择的路径进行移动。

步骤 3 将鼠标指针移至路径图形的右上角节点上，当鼠标指针呈 形状时，按住【Alt+Shift】组合键的同时单击鼠标左键并向图形内部拖曳，至合适位置后释放鼠标，即可调整图形路径的大小，如图 3-76 所示。

步骤 4 用与上述相同的方法对图形编辑窗口中的图形进行复制和移动，效果如图 3-77 所示。

图 3-76　缩小图形　　　　　　　　　　　图 3-77　图像效果

技能 58 　添加与删除锚点

素材：光盘/素材/第3章/圣诞帽.ai	效果：光盘/效果/第3章/技能58 添加与删除锚点.ai
难度：★★★★★	技能核心：添加锚点工具和删除锚点工具
视频：光盘/视频/第3章/技能58 添加与删除锚点.mp4	时长：3分04秒

↗ **实战演练**

步骤 **1**　单击"文件"|"打开"命令，打开一幅素材图形，使用选择工具选中需要编辑的图形路径，如图 3-78 所示。

步骤 **2**　选中工具箱中的添加锚点工具 ，将鼠标指针移至所选图形路径的合适位置（如图 3-79 所示），单击鼠标左键，即可添加一个锚点。

定位鼠标指针

选中图形路径

图 3-78　选中图形路径　　　　　　　　　图 3-79　定位鼠标指针

步骤 **3**　依次在合适的位置添加锚点，然后选择工具箱中的直接选择工具 ，在需要编辑的锚点上单击鼠标左键并拖曳，至合适位置后释放鼠标，如图 3-80 所示。

步骤 **4**　选中工具箱中的删除锚点工具 ，在不需要的锚点上单击鼠标左键，即可删除该锚点，图形路径的效果如图 3-81 所示。

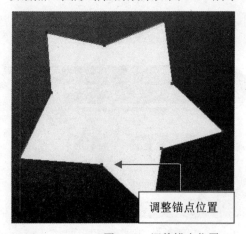

调整锚点位置

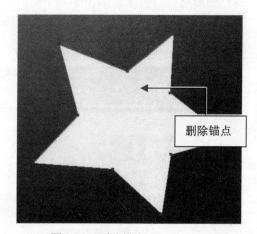

删除锚点

图 3-80　调整锚点位置　　　　　　　　　图 3-81　删除锚点

🧭 **技巧点拨**

　　使用钢笔工具也可以对路径进行锚点的添加与删除。选中需要编辑的路径后，将鼠标指针移至需要添加锚点的路径上，当鼠标指针呈添加锚点的形状 时，单击鼠标左键，即可添加锚点；将鼠标指针移至多余的锚点上，当鼠标指针呈删除锚点的形状 时，单击鼠标左键，即可删除锚点。

步骤 5 用与上述相同的方法，删除多余的锚点，如图 3-82 所示。

步骤 6 使用直接选择工具选中锚点，将锚点调整至合适的位置，最终的图像效果如图 3-83 所示。

图 3-82 删除多余锚点 　　　　　　　　图 3-83 调整锚点位置

技能 59 转换路径锚点

素材：光盘/素材/第 3 章/高跟鞋.ai	
效果：光盘/素材/第 3 章/技能 59 转换路径锚点.ai	
难度：★★★★★	
技能核心：转换锚点工具	
视频：光盘/视频/第 3 章/技能 59 转换路径锚点.mp4	
时长：38 秒	

实战演练

步骤 1 单击"文件"｜"打开"命令，打开一幅素材图形，使用选择工具选中需要编辑的路径，如图 3-84 所示。

步骤 2 选取工具箱中的转换锚点工具 ，在需要转换路径的锚点上单击鼠标左键并拖曳，至合适位置后释放鼠标，即可将直线路径转换为曲线路径，如图 3-85 所示。

图 3-84 选择路径 　　　　　　　　图 3-85 转换为曲线路径

技巧点拨

锚点可分为直线锚点和曲线锚点，所连接的路径分别为直线路径和曲线路径，使用转换锚点工具可以将曲线锚点转换为直线锚点，或者将直线锚点转换为曲线锚点。如果需要将直线锚点转换为曲线锚点，在选取工具箱中的转换锚点工具后，在所需要转换的直线锚点上单击鼠标左键并拖曳，即可将直线锚点转换为曲线锚点。

技能 60	连接路径

素材：光盘/素材/第 3 章/星世界影院.ai	效果：光盘/效果/第 3 章/技能 60 连接路径.ai
难度：★★★★★	技能核心："连接"命令
视频：光盘/视频/第 3 章/技能 60 连接路径.mp4	时长：28 秒

实战演练

步骤 1 单击"文件" | "打开"命令，打开一幅素材图形，使用选择工具选中图形编辑窗口中的开放路径，如图 3-86 所示。

步骤 2 单击"对象" | "路径" | "连接"命令，即可对开放的路径进行连接，如图 3-87 所示。

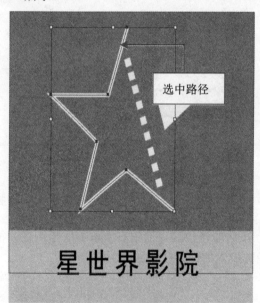

图 3-86 选中路径

图 3-87 连接路径

 技巧点拨

除了可以连接未闭合的路径外，用户还可以连接相互独立的路径，只需要选中两条路径的端点，再单击"对象" | "路径" | "连接"命令，即可连接路径；在路径端点上单击鼠标右键，在弹出的快捷菜单中选择"连接"选项，也可以连接路径。

技能 61	简化路径		

素材：光盘/素材/第 3 章/滑板少年.ai		效果：无	
难度：★★☆☆☆		技能核心："简化"命令	
视频：光盘/视频/第 3 章/技能 61 简化路径.mp4			时长：23 秒

实战演练

步骤 1 　单击"文件"｜"打开"命令，打开一幅素材图形，如图 3-88 所示。

步骤 2 　使用选择工具选中图形，单击"对象"｜"路径"｜"简化"命令，弹出"简化"对话框，在"简化路径"选项区中的"角度阈值"文本框中输入 100°，在"选项"选项区中选中"直线"复选框，如图 3-89 所示。

步骤 3 　单击"确定"按钮，即可将图形路径进行简化，效果如图 3-90 所示。

素材图形

设置参数

简化路径

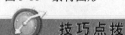

图 3-88　素材图形　　　图 3-89　"简化"对话框　　　图 3-90　图形效果

技巧点拨

　　简化路径就是将路径上的锚点进行简化，并调整多余的锚点，而路径的形状并不会改变。"简化"对话框中主要选项的含义如下：

● "曲线精度"选项：主要用来设置简化后的图形与原图形的相似程度，数值越大，简化后的图形锚点就越多，与原图也会越相似。

● "角度阈值"选项：主要用来设置拐角的平滑度，数值越大，路径平滑的程度就越大。

● "直线"复选框：选中该复选框后，图形中的曲线路径全部被忽略，并以直线显示。

技能 62	偏移路径		

素材：光盘/素材/第 3 章/色彩缤纷.ai		效果:光盘/素材/第 3 章/技能 62 偏移路径.ai	
难度：★★★★★		技能核心："偏移路径"命令	
视频：光盘/视频/第 3 章/技能 62 偏移路径.mp4			时长：3 分 11 秒

实战演练

步骤 1 单击"文件"|"打开"命令，打开一幅素材图形，如图 3-91 所示。

步骤 2 选取工具箱中的星形工具 ⭐，在工具属性栏上设置"填充色"为紫色（CMYK 的参数值分别为 24、72、0、0），在图形编辑窗口中单击鼠标左键，弹出"星形"对话框，在其中设置"半径 1"为 5mm、"半径 2"为 15mm、"角点数"为 6，单击"确定"按钮，绘制一个指定大小的星形图形，如图 3-92 所示。

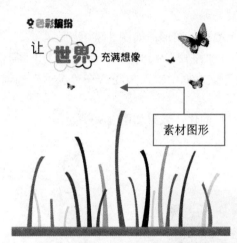

图 3-91　素材图形　　　　　　　　　　　　图 3-92　绘制星形

步骤 3 选中星形图形，单击"对象"|"路径"|"偏移路径"命令，弹出"偏移路径"对话框，在其中设置"位移"为 6mm、"连接"为"圆角"，如图 3-93 所示。

步骤 4 单击"确定"按钮，即可将星形图形进行路径偏移，效果如图 3-94 所示。

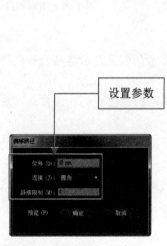

图 3-93　"位移路径"对话框　　　　　　　图 3-94　偏移路径后的效果

步骤 5 使用选择工具将图形移动到图形编辑窗口中的合适位置，并适当地调整图形的大小与角度；选取工具箱中的椭圆工具 ◯，在绘制的图形中央绘制一个白色的正圆，效果如图 3-95 所示。

步骤 6 用与上述相同的方法，在素材图形中绘制其他图形，效果如图 3-96 所示。

绘制正圆

图 3-95　绘制正圆

绘制其他图形

图 3-96　绘制其他图形

技能 63　分割对象

素材：光盘/素材/第 3 章/蝴蝶.ai	
效果：光盘/素材/第 3 章/技能 63 分割对象.ai	
难度：★★☆☆☆	
技能核心："分割下方对象"命令	
视频：光盘/视频/第 3 章/技能 63 分割对象.mp4	
时长：54 秒	

实战演练

步骤 1　单击"文件"｜"打开"命令，打开一幅素材图形，使用钢笔工具绘制一个图形路径，如图 3-97 所示。

步骤 2　单击"对象"｜"路径"｜"分割下方对象"命令，即可对所选择的路径进行分割，将所绘制的图形路径选中，按【Delete】键将其删除，效果如图 3-98 所示。

步骤 3　用与上述相同的方法，绘制其他图形，最终效果如图 3-99 所示。

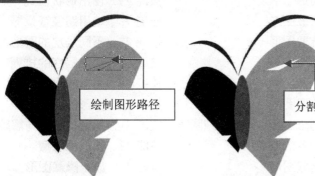

绘制图形路径

图 3-97　绘制图形路径

分割对象

图 3-98　图形效果

绘制其他图形

图 3-99　绘制其他图形

选取与编辑图形

4

选取图形是一切操作的前提，而编辑图形则是设计作品的重要环节。掌握各种选取和编辑图形的操作技巧，可以帮助大家快速、便捷地对图形进行各种操作。

本章主要介绍如何使用各种选择工具、各种命令对图形进行选取、控制以及修剪。

4.1　使用选取工具选取图形

技能 64	使用选择工具选取图形

素材：光盘/素材/第 4 章/广告伞.ai	效果：无
难度：★☆☆☆☆	技能核心：选择工具
视频：光盘/视频/第 4 章/技能 64 使用选择 工具选取图形.avi	时长：21 秒

实战演练

步骤 1　单击"文件"｜"打开"命令，打开一幅素材图形，选取工具箱中的选择工具，将鼠标指针移至需要选择的图形上，此时鼠标指针呈 形状，如图 4-1 所示。

步骤 2　单击鼠标左键，即可选中该图形，图 4-2 所示为椅子图形被选择工具选中后的效果。

图 4-1　鼠标指针形状

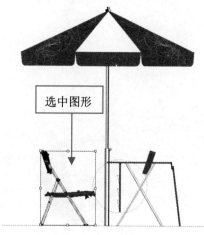

图 4-2　选中图形

 技巧点拨

　　选择工具是 Illustrator CC 中最常用且操作最简单的选择类工具。一般情况下，使用选择工具选中图形后，在按住【Shift】键的同时单击未被选中的图形，即可加选图形；如果按住【Shift】键的同时在已被选中的图形上单击鼠标左键，即可将该图形取消选择；若将鼠标指针移至图像窗口中的空白处，单击鼠标左键并拖曳，则会显示一个虚线矩形框，至合适位置后释放鼠标，被框选的图形都将被选中。

　　另外，若选择的图形是一个已填充的图形，则在该图形的任何区域上单击鼠标左键，即可选中该图形；若选择的图形是一个未被填充的图形，则需要将鼠标指针移至该图形的外轮廓线上，单击鼠标左键，才能将该图形选中。

技能 65 | 使用直接选择工具选取图形

素材：素材：光盘/素材/第 4 章/钥匙链.ai	
效果：无	
难度：★★★★★	
技能核心：直接选择工具	
视频：光盘/视频/第 4 章/技能 65 使用直接 选择工具选取图形.avi	
时长：23 秒	

实战演练

步骤 1 单击"文件"|"打开"命令，打开一幅素材图形，选取工具箱中的直接选择工具 ，将鼠标移指针移至图形编辑窗口中需要选择的图形上，如图 4-3 所示。

步骤 2 单击鼠标左键，此时使用直接选择工具选中图形的状态如图 4-4 所示。

定位鼠标指针

选中图形

图 4-3 定位鼠标指针　　　　　　　图 4-4 选中图形

技巧点拨

直接选择工具主要用于选择路径或锚点，并对图形的路径和锚点进行调整。

技能 66 | 使用编组选择工具选取图形

素材：光盘/素材/第 4 章/灯泡.ai		效果：无
难度：★★★★★		技能核心：编组选择工具
视频：光盘/视频/第 4 章/技能 66 使用编组 选择工具选取图形.avi		时长：33 秒

实战演练

步骤 1　单击"文件"｜"打开"命令，打开一幅素材图形，选取工具箱中的编组选择工具 ，将鼠标指针移至相应的图形上，单击鼠标左键，即可选取该图形，如图4-5所示。

步骤 2　再次单击鼠标左键，即可选中包含已选图形在内的所有图形组，如图4-6所示。

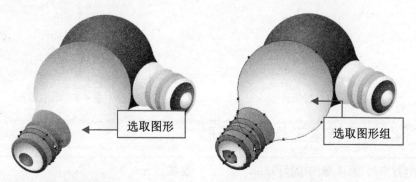

选取图形

选取图形组

图4-5　选取图形　　　　　　图4-6　选取图形组

技巧点拨

在绘制或编辑图形的过程中，为了方便管理图形，常会将一些图形进行编组，若要选择其中的一个图形，使用选择工具是无法选取图形的，而使用编组选择工具则可以选中经过编组或嵌套操作的图形或路径。

技能 67　使用魔棒工具选取图形

素材：光盘/素材/第4章/雨伞.ai	效果：无
难度：★★★★★	技能核心：魔棒工具
视频：光盘/视频/第4章/技能67 使用魔棒工具选取图形.avi	时长：21秒

实战演练

步骤 1　单击"文件"｜"打开"命令，打开一幅素材图形，选取工具箱中的魔棒工具 ，将鼠标指针移至雨伞图形的白色区域上，如图4-7所示。

步骤 2　单击鼠标左键，即可选取与白色区域相同或相近属性的图形，如图4-8所示。

技巧点拨

使用魔棒工具可以选取图像中填充色、描边颜色或透明度等属性相同或相近的矢量图形，若某些图形不在同一个图层中，选中后的图形将以不同的颜色进行显示。选取图形时可以通过"魔棒"浮动面板进行参数值的设置，单击"窗口"｜"魔棒"命令，或者在工具箱中的魔棒工具图标上双击鼠标左键，即可调出"魔棒"浮动面板。

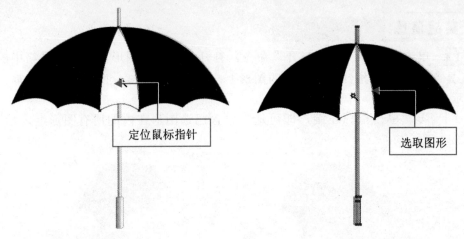

图 4-7　定位鼠标指针　　　　　　　　　　图 4-8　选取图形

技能 68	使用套索工具选取图形	
素材：光盘/素材/第 4 章/中国环球.ai	效果：无	
难度：★★★★★	技能核心：套索工具	
视频：光盘/视频/第 4 章/技能 68 使用套索工具选取图形.avi	时长：27 秒	

实战演练

步骤 1　单击"文件"｜"打开"命令，打开一幅素材图形，选取工具箱中的套索工具，将鼠标指针移至图形窗口的合适位置，单击鼠标左键并拖曳，即可绘制了一条不规则的线条，如图 4-9 所示。

步骤 2　至合适位置后释放鼠标，即可选取线条范围内的图形，如图 4-10 所示。

图 4-9　单击鼠标左键并拖曳　　　　　　　图 4-10　选取图形

技巧点拨

在使用套索工具选取图形的过程中，如果按住【Shift】键的同时拖曳鼠标，可以增加图形的选取；若按住【Alt】键的同时拖曳鼠标，则可以减选图形。

另外，不管使用何种选择工具选择图形，只要是在图像窗口的空白处单击鼠标左键，或按【Ctrl+Shift+A】组合键，即可取消所有图形的选择。

4.2　使用命令选取图形

技能69	使用"全部"命令选取图形

素材：光盘/素材/第 4 章/雨伞正面.ai	效果：无
难度：★★★★★	技能核心："全部"命令
视频：光盘/视频/第 4 章/技能 69 使用"全部"命令选取图形.avi	时长：12 秒

↗ 实战演练

步骤 **1**　单击"文件"｜"打开"命令，打开一幅素材图形，如图 4-11 所示。

步骤 **2**　单击"选择"｜"全部"命令，即可将文档中的所有图形全部选中，如图 4-12 所示。

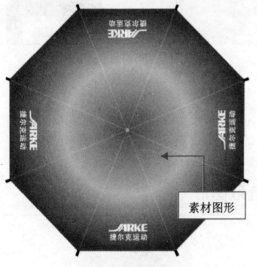

图 4-11　素材图形

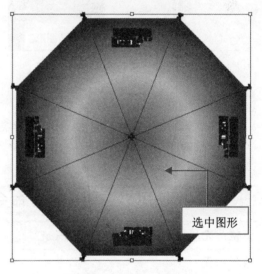

图 4-12　选中全部图形

 技巧点拨

　　除了使用命令可以选取所有图形外，按【Ctrl+A】组合键也可以将当前文档中的所有图形选中。

技能70	使用"现用画板中的全部对象"命令选取图形

素材：光盘/素材/第 4 章/心之玫瑰.ai	效果：无
难度：★★★★★	技能核心："现用画板中的全部对象"命令
视频：光盘/视频/第 4 章/技能 70 使用"现用画板中的全部对象"命令选取图形.avi	时长：23 秒

实战演练

步骤 1 单击"文件"｜"打开"命令，打开一幅素材图形，将图形中的玫瑰花移至画板外，如图 4-13 所示。

步骤 2 单击"选择"｜"现用画板上的全部对象"命令，即可将画板中的全部图形选中，如图 4-14 所示。

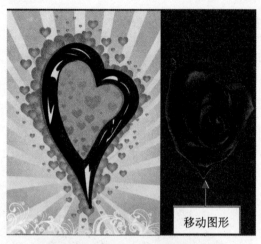
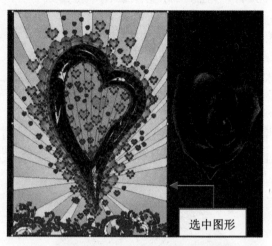

移动图形

选中图形

图 4-13 移动玫瑰花   图 4-14 选中画板中的全部图形

技巧点拨

在选择图形的操作过程中，使用选择类工具不一定可以将当前画板中的图形全部选中。而使用"现用画板中的全部对象"命令，选中的是当前画板中的所有图形；另外，使用快捷键【Alt+Ctrl+A】组合键也可以选中当前画板中的所有图形。

技能 71 使用"重新选择"命令选取图形

素材：光盘/素材/第 4 章/心之玫瑰.ai	
效果：无	
难度：★★★★★	
技能核心："重新选择"命令	
视频：光盘/视频/第 4 章/技能 71 使用"重新选择"命令选取图形.avi	
时长：25 秒	

 实战演练

步骤 1 打开技能 70 的效果图形，单击"选择"｜"重新选择"命令，即可选中被移动的玫瑰花图形，如图 4-15 所示。

步骤 2 单击"文件"｜"恢复"命令，将弹出提示信息框，单击"恢复"按钮，即可将图形恢复至打开文档时的状态，如图 4-16 所示。

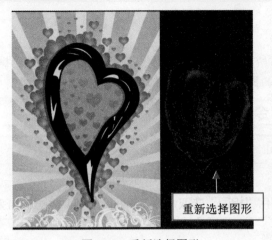

重新选择图形

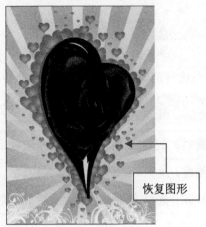

恢复图形

图 4-15　重新选择图形　　　　图 4-16　恢复图形

 技巧点拨

在绘制或编辑图形的过程中，若想恢复前一步选择操作时所选择的图形，或者不小心取消了图形的选择，通过"重新选择"命令，则可以选中上次选择的图形。

技能 72　使用"反向"命令选取图形

素材：光盘/素材/第 4 章/音乐电视.ai	效果：无
难度：★ ★ ★ ★	技能核心："反向"命令
视频：光盘/视频/第 4 章/技能 72 使用"反向"命令选取图形.avi	时长：18 秒

↗ 实战演练

步骤 1　单击"文件"｜"打开"命令，打开一幅素材图形，使用选择工具将文字路径选中，如图 4-17 所示。

步骤 2　单击"选择"｜"反向"命令，即可选中除文字路径以外的所有图形，如图 4-18 所示。

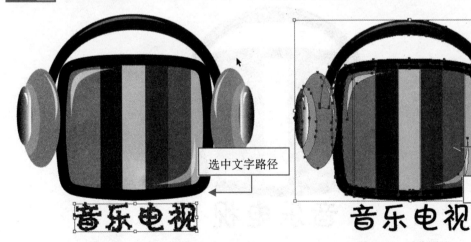

选中文字路径

反选图形

图 4-17　选中文字路径　　　　图 4-18　反选图形

技巧点拨

　　"反向"命令的主要作用是对所选择的图形进行反向选择，进行反向选取操作后，所选择的图形为操作之前未被选择的图形，而操作之前选择的图形将取消选择。

技能 73　使用"相同"命令选取图形

素材：光盘/素材/第 4 章/音乐电视.ai.		效果：无	
难度：★★★★		技能核心："相同"命令	
视频：光盘/视频/第 4 章/技能 73 使用"相同"选取命令选取图形.avi			时长：24 秒

实战演练

步骤 1　打开技能 72 的素材图形，使用选择工具选择一个图形，如图 4-19 所示。

步骤 2　单击"选择"｜"相同"｜"外观"命令，如图 4-20 所示。

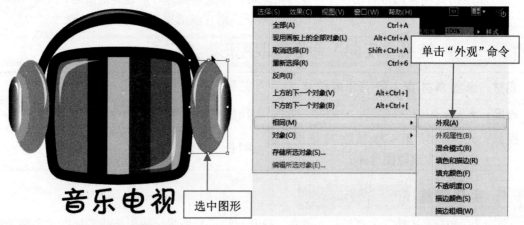

图 4-19　选择图形　　　　　　　图 4-20　单击"外观"命令

步骤 3　执行上述操作后，即可选中与原来所选图形外观相同的图形，如图 4-21 所示。

图 4-21　选中外观相同的图形

技巧点拨

"相同"子菜单命令中的主要选项的含义如下：

- 外观：主要用于选择与当前所选择的图形具有相同外观的图形。
- 混合模式：主要用于选择与当前所选择的图形具有相同混合模式的图形。
- 填色和描边：主要用于选择与当前所选择的图形具有相同填充和描边效果的图形。
- 填充颜色：主要用于选择与当前所选择的图形具有相同填充颜色的图形。
- 不透明度：主要用于选择与当前所选择的图形具有相同透明度的图形。
- 描边颜色：主要用于选择与当前所选择的图形具有相同描边颜色的图形。
- 描边粗细：主要用于选择与当前所选择的图形具有相同描边粗细的图形。

技能 74 使用"对象"命令选取图形

素材：光盘/素材/第 4 章/family.ai	效果：无
难度：★★★★★	技能核心："对象"命令
视频：光盘/视频/第 4 章/技能 74 使用"对象"命令选取图形.avi	时长：23 秒

实战演练

步骤 1 单击"文件"｜"打开"命令，打开一幅素材图形，使用选择工具选取一个图形，如图 4-22 所示。

步骤 2 单击"选择"｜"对象"｜"同一图层上的所有对象"命令，即可选中与当前所选图形同在一个图层上的所有图形，如图 4-23 所示。

图 4-22 选取图形

图 4-23 选中同一个图层上的所有图形

技巧点拨

"对象"子菜单命令中的主要选项的含义如下：

- 同一图层上的所有对象：主要用于选择当前图形编辑窗口中，与所选择图形在同一个图层中的所有图形。
- 方向手柄：主要用于选择当前图形编辑窗口中所选择图形上的所有路径控制柄。
- 画笔描边：主要用于选择当前图形编辑窗口中所有使用画笔工具绘制的图形。
- 剪切蒙版：主要用于选择当前图形编辑窗口中所有的剪切蒙版。
- 游离点：主要用于选择当前图形编辑窗口中所有的游离点。
- 文本对象：主要用于选择当前图形编辑窗口中所有的文本对象。

4.3 使用"路径查找器"面板

技能 75	使用形状模式

素材：光盘/素材/第 4 章/旋风时代.ai	效果：光盘/效果/第 4 章/技能 75 使用形状模式.ai
难度：★ ★ ★ ★ ★	技能核心："差集"按钮
视频：光盘/视频/第 4 章/技能 75 使用形状模式.avi	时长：33 秒

↗ 实战演练

步骤 1 单击"文件"|"打开"命令，打开一幅素材图形，按【Ctrl+A】组合键，将图形编辑窗口中的所有图形全部选中，如图 4-24 所示。

步骤 2 按【Shift+Ctrl+F9】组合键，调出"路径查找器"浮动面板，在"形状模式"选项区中单击"差集"按钮 ，如图 4-25 所示。

步骤 3 执行上述操作后，即可改变所选对象的图形效果，如图 4-26 所示。

全选图形

图 4-24 全选图形

单击"差集"按钮

图 4-25 "路径查找器"浮动面板

图形效果

图 4-26 "差集"操作后的图形效果

**技巧点拨**

"形状模式"选项区中各按钮的主要功能如下：

● "联集"按钮 ：单击此按钮可以将选定的多个图形合并成一个图形，图形之间所重叠的部分将被忽略，新生成的图形将与最上层图形的填充和描边颜色相同。

● "减去顶层"按钮 ：此按钮的功能与"联集"按钮的功能相反，在工作区中选择两个或两个以上的图形后，单击此按钮，将会以最上层的图形减去最底层的图形，图形之间重叠的部分和位于最上层的图形将被删除，并重新组成一个闭合路径。

● "交集"按钮 ：单击此按钮可以对选定的多个图形相互重叠交叉的部分进行合并，合并后重叠交叉的部分将生成新的图形，其图形颜色将与最上层的图形颜色相同，未重叠交叉的部分则自动删除。

● "差集"按钮 ：该按钮的功能与"交集"按钮的功能相反，在工作区中选择两个或两个以上的图形后，单击此按钮，所有图形没有重叠的部分将生成新的图形，其填充的颜色与图形中最上层的图形颜色相同，而重叠部分被删除。

技能 76 使用路径查找器

素材：光盘/素材/第 4 章/旋风时代.ai		效果：无	
难度：★★★★		技能核心："轮廓"按钮	
视频：光盘/视频/第 4 章/技能 76 使用路径查找器.avi			时长：35 秒

实战演练

步骤 1 打开技能 75 的素材图形，使用选择工具选中素材图形中的蓝色、绿色图形和文字路径，如图 4-27 所示。

步骤 2 按【Shift+Ctrl+F9】组合键，在弹出的"路径查找器"浮动面板中单击"轮廓"按钮，如图 4-28 所示。

步骤 3 执行上述操作后，素材图形将以轮廓显示，如图 4-29 所示。

选中对象

图 4-27 选中对象

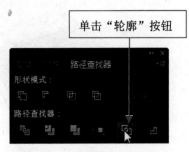

单击"轮廓"按钮

图 4-28 单击"轮廓"按钮

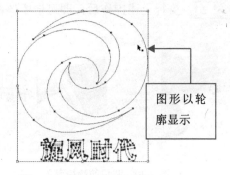

图形以轮廓显示

图 4-29 图形以轮廓显示

技巧点拨

"路径查找器"选项区中各按钮的主要功能如下：

● "分割"按钮：选择两个或两个以上的图形后，单击此按钮，可以将图形相互重叠的部分进行分离，形成一个独立的图形，所填充的颜色、描边等属性被保留，而重叠区域以下的图形则被删除。

● "修边"按钮：单击此按钮，可以删除图形重叠部分下方的图形，且所有描边全部删除。

● "合并"按钮：单击此按钮后，可以将所选择的图形合并成一个整体，且所有图形的描边将被删除。

● "裁剪"按钮：选择两个或两个以上的图形后，单击此按钮，最下方的图形将删除最上方的图形，且描边也被删除，但图形重叠的部分将保留。

● "轮廓"按钮 ：单击此按钮，所有选择的图形将转化成轮廓线，轮廓线的颜色与原图形的填充颜色相同，生成的轮廓线将被分割为开放的路径，且这些路径会自动编组。

● "减去后方对象"按钮 ：选择两个或两个以上的图形后，单击此按钮，最下方的图形将删除所有与该图形重叠的区域，且得到一个封闭的图形。

4.4 控制图形

技能 77 不同层次的图形选择

素材：光盘/素材/第 4 章/书籍.ai	效果：无
难度：★★★★★	技能核心："选择"选项
视频：光盘/视频/第 4 章/技能 77 图形的选择 avi	时长：27 秒

↗ 实战演练

步骤 1 单击"文件"|"打开"命令，打开一幅素材图形，在图形编辑窗口中单击鼠标右键，在弹出的快捷菜单中选择"选择"|"下方的最后一个对象"选项，如图 4-30 所示。

步骤 2 执行上述操作后，即可选中该图形中的最后一个图形，如图 4-31 所示。

弹出的快捷菜单

图 4-30 弹出的快捷菜单

选中最后一个图形

图 4-31 选中最后一个图形

技巧点拨

在绘制图形的过程中，图形是层层叠加在一起的，使用选择工具直接选取的图形并不一定是所要选择的图形，通过在选择的图形上单击鼠标右键，在弹出的快捷菜单中选择相应的选项，即可选择需要的图形。

技能 78 图形顺序的排列

素材：光盘/素材/第 4 章/书籍.ai	效果：光盘/效果/第 4 章/技能 78 图形顺序的排列.ai
难度：★★★★★	技能核心："排列"选项
视频：光盘/视频/第 4 章/技能 78 图形顺序的排列.avi	时长：23 秒

实战演练

步骤 1 打开技能 77 的素材图形，选中最底层的图形，单击鼠标右键，在弹出的快捷菜单中选择"排列"|"置于顶层"选项，如图 4-32 所示。

步骤 2 执行上述操作后，即可将最底层的图形置于图形的顶层，效果如图 4-33 所示。

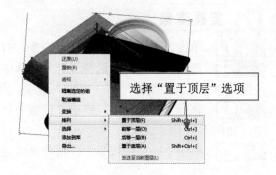

选择"置于顶层"选项

图 4-32 选择"置于顶层"选项

技巧点拨

"排列"选项的子菜单中各选项的主要含义如下：

● "置于顶层"选项：选择此选项后，所选择的图形将移至图像的顶层。

● "前移一层"选项：选择此选项后，所选择的图形将向上移动一层。

● "后移一层"选项：选择此选项后，所选择的图形将向下移动一层。

● "置于底层"选项：选择此选项后，所选择的图形将移至图像的底层。

● "发送至当前图层"选项：选择此选项后，所选择的图形将移至到当前选择的图层中。

运用"选择"和"排列"选项操作时，只会对当前图层的图形起作用，因此，所编辑的图形应在同一个图层中。

步骤 3 用与上述相同的方法，将放大镜移至图形顶层，效果如图 4-34 所示。

移至顶层

图 4-33 移至顶层

移至顶层

图 4-34 移至顶层

技能 79 图形的变换

素材：光盘/素材/第 4 章/爱的信封.ai	效果：光盘/效果/第 4 章/技能 79 图形的变换.ai
难度：★★★★★	技能核心："变换"选项
视频：光盘/视频/第 4 章/技能 79 图形的变换.avi	时长：1 分 8 秒

实战演练

步骤 1　单击"文件"|"打开"命令，打开一幅素材图形，如图 4-35 所示。

步骤 2　选取工具箱中的选择工具，选中图形中的光盘图形，单击鼠标右键，在弹出的快捷菜单中选择"变换"|"对称"选项，如图 4-36 所示。

步骤 3　执行上述操作后，弹出"镜像"对话框，在"轴"选项区中选中"垂直"单选按钮，如图 4-37 所示。

步骤 4　单击"确定"按钮，即可将光盘进行垂直变换，如图 4-38 所示。

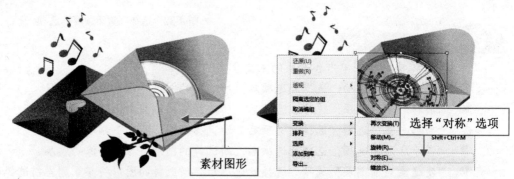

图 4-35　素材图形　　　　　　　　　　图 4-36　选择"对称"选项

图 4-37　"镜像"对话框

图 4-38　垂直变换图形

步骤 5　选中光盘图形，单击鼠标右键，在弹出的快捷菜单中选择"变换"|"移动"选项，弹出"移动"对话框，在"位置"选项区中设置"水平"和"垂直"分别为 15mm、-12mm，如图 4-39 所示。

步骤 6　单击"确定"按钮，即可移动光盘在图像中的位置，如图 4-40 所示。

图 4-39　"移动"对话框

图 4-40　移动图形

技巧点拨

在"变换"选项的子菜单中选择相应的选项，即可弹出相应的对话框，通过设置各参数值，可以对选中的图形进行相应的变换。

技能 80　图形的编组

素材：光盘/素材/第 4 章/爱的信封 2.ai	
效果：光盘/效果/第 4 章/技能 80　图形的编组.ai	
难度：★★☆☆☆	
技能核心："编组"选项	
视频：光盘/视频/第 4 章/技能 80　图形的编组.avi	
时长：51 秒	

实战演练

步骤 1　打开技能 79 的效果图形，选取工具箱中的选择工具，按住【Shift】键的同时在每个音符图形上单击鼠标左键，选中所有的音符图形，然后单击鼠标右键，在弹出的快捷菜单中选择"编组"选项，如图 4-41 所示。

步骤 2　执行上述操作后，只需要在其中一个音符图形上单击鼠标左键，即可选中所有的音符图形，然后单击鼠标左键并拖曳，至合适位置后释放鼠标，即可调整图形的位置，如图 4-42 所示。

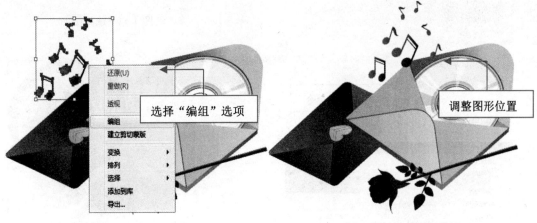

图 4-41　选择"编组"选项　　　　图 4-42　调整图形位置

技巧点拨

图形的编组还有以下两种方法：

● 选择编组图形后，单击"对象"｜"编组"命令。

● 选择编组图形后，按【Ctrl+G】组合键。

技能 81 | 图形的锁定与解除锁定

素材：光盘/素材/第 4 章/糖果.ai	
效果：无	
难度：★★☆☆☆	
技能核心："锁定"和"全部解锁"命令	
视频：光盘/视频/第 4 章/技能 81 图形的锁定与解除锁定.avi	
时长：50 秒	

实战演练

步骤 1　单击"文件"｜"打开"命令，打开一幅素材图形，使用选择工具选中其中一个图形，如图 4-43 所示。

步骤 2　单击"对象"｜"锁定"｜"所选对象"命令，如图 4-44 所示。

步骤 3　执行上述操作后，即可将所选的图形锁定，按【Ctrl+A】组合键，此时没有锁定的图形将被选中，如图 4-45 所示。

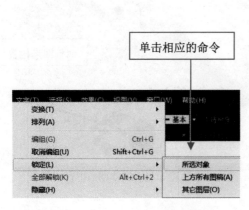

选中图形

图 4-43　选择图形

单击相应的命令

锁定图形

图 4-44　单击"所选对象"命令

图 4-45　锁定图形

步骤 4　单击"对象"｜"全部解锁"命令，如图 4-46 所示。

步骤 5　执行上述操作后，即可对处于锁定状态的图形进行解锁，按【Ctrl+A】组合键，素材图形中的所有图形全被选中，如图 4-47 所示。

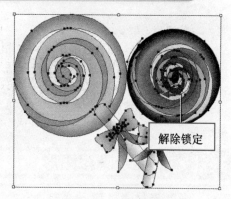

单击相应的命令

解除锁定

图 4-46 单击"全部解锁"命令   图 4-47 选中图形

 技巧点拨

    当用户对所选择的图形进行锁定后，使用任何工具都无法对被锁定的图形进行任何操作，但锁定的图形是可见的，且可以进行打印。另外，不论是打开、存储或关闭文件，被锁定的图形仍处于锁定状态。

技能 82 图形的隐藏

素材：光盘/素材/第 4 章/金鱼缸.ai	效果：光盘/效果/第 4 章/技能 82 图形的隐藏.ai
难度：★★★★★	技能核心："隐藏"命令
视频：光盘/视频/第 4 章/技能 82 图形的隐藏.avi	时长：19 秒

实战演练

步骤 **1** 单击"文件"｜"打开"命令，打开一幅素材图形，选中金鱼图形，如图 4-48 所示。

步骤 **2** 单击"对象"｜"隐藏"｜"所选对象"命令，即可隐藏选中的图形，如图 4-49 所示。

选中图形

隐藏图形

图 4-48 选中图形   图 4-49 隐藏图形

技巧点拨

"隐藏"选项的子菜单中主要选项的含义如下:

● "所选对象"选项:选择此选项,当前所选择的图形被隐藏。

● "上方所有图稿"选项:选择此选项后,在所选择图形上方的所有图形被隐藏。

● "其他图层"选项:选择此选项后,不与所选图形在同一个图层的其他图层将被隐藏。

技能 83 显示隐藏图形

素材:光盘/素材/第 4 章/金鱼缸 2.ai	
效果:光盘/效果/第 4 章/技能 83 显示隐藏图形.ai	
难度:★★★★★	
技能核心:"显示全部"命令	
视频:光盘/视频/第 4 章/技能 83 显示隐藏图形.avi	
时长:16 秒	

实战演练

步骤 1 打开技能 82 的效果图形,单击"对象"丨"显示全部"命令,如图 4-50 所示。

步骤 2 执行上述操作后,即可显示图形中所有被隐藏的图形,如图 4-51 所示。

显示所有图形

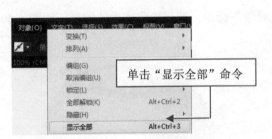

单击"显示全部"命令

图 4-50 单击"显示全部"命令

图 4-51 显示所有图形

 技巧点拨

在图形编辑窗口中,被隐藏的图形是不可见、不可以选择的,因此,也不会被打印出来,但隐藏的图形在文件中是存在的,只是暂时不可见。除了使用命令显示所有图形外,按【Alt+Ctrl+3】组合键,即可快速地将图形窗口中的所有隐藏图形显示出来。

4.5 修剪图形

技能 84 分割图形

素材：光盘/素材/第 4 章/剪刀.ai	
效果：光盘/效果/第 4 章/技能 84 分割图形.ai	
难度：★★★★☆	
技能核心：剪刀工具	
视频：光盘/视频/第 4 章/技能 84 分割图形.avi	
时长：1 分 13 秒	

实战演练

步骤 1 单击"文件"｜"打开"命令，打开一幅素材图形，使用选择工具选中蓝色图形，如图 4-52 所示。

步骤 2 选取工具箱中的剪刀工具✂，将鼠标指针移至图形的一个锚点上，单击鼠标左键，即可使该锚点处于编辑状态，如图 4-53 所示。

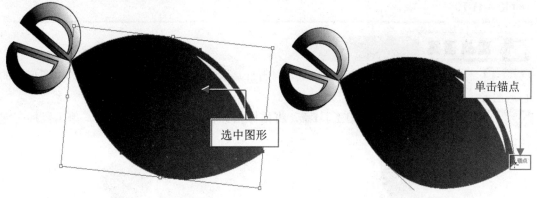

图 4-52 选中图形　　　　　　图 4-53 单击锚点

步骤 3 将鼠标指针移至图形的另一个锚点上，单击鼠标左键（如图 4-54 所示），即可将原图形分割为两个独立的图形。

步骤 4 利用选择工具分别选中被分割的图形，并对图形位置进行调整，效果如图 4-55 所示。

 技巧点拨

　　剪刀工具可以将一个开放或闭合的路径图形分割成多个开放的路径图形，然后用户可以使用直接选择工具或转换锚点工具对路径图形进行进一步编辑。剪刀工具主要针对的是路径和锚点，在使用剪刀工具时一般先在路径或锚点上确定起始点的位置。

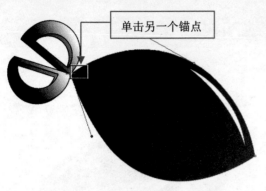

图 4-54　单击另一个锚点

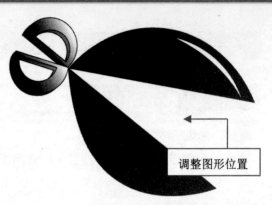

图 4-55　调整图形位置

技能 85　切割图形

素材：光盘/素材/第 4 章/破碎的心.ai	
效果：光盘/效果/第 4 章/技能 85 切割图形.ai	
难度：★★★☆☆	
技能核心：刻刀工具	
视频：光盘/视频/第 4 章/技能 85 切割图形.avi	
时长：41 秒	

实战演练

步骤 1　单击"文件"｜"打开"命令，打开一幅素材图形，使用选择工具选中图形中的心形图形，如图 4-56 所示。

步骤 2　选取工具箱中的刻刀工具　，将鼠标指针移至心形图形路径上，单击鼠标左键并拖曳，如图 4-57 所示。

选中图形

图 4-56　选中图形

单击鼠标左键并拖曳

图 4-57　单击鼠标左键并拖曳

步骤 ③ 至合适位置后释放鼠标，即可分割图形，如图 4-58 所示。

步骤 ④ 选取工具箱中的直接选择工具，选择被分割后的图形，调整其位置，效果如图 4-59 所示。

图 4-58 分割图形　　　　　　　　　　　　　　　　图 4-59 图形效果

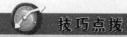 **技巧点拨**

　　刻刀工具可以将一个闭合路径图形切割为两个独立的闭合路径图形。刻刀工具的使用方法较为灵活，在所需要编辑的图形路径外侧，单击鼠标左键并拖曳，即可分割路径。

填充与描边图形

5

Illustrator CC 作为专业的矢量绘图软件，提供了丰富的色彩功能和多种填充工具，为图形上色带来了极大的方便。

本章主要介绍如何使用填色和描边进行上色、使用工具进行单色填充和多色填充的方法，以及如何应用面板填充图形和制作图形的混合效果。

5.1　使用填充和描边进行上色

技能 86　使用"填色"填充图形

素材：光盘/素材/第 5 章/树.ai	效果：光盘/效果/第 5 章/技能 86 使用填充 工具填充图形.ai
难度：★★★☆☆	技能核心："填色"图标
视频：光盘/视频/第 5 章/技能 86 使用填充 工具填充图形.avi	时长：1 分 12 秒

↗ 实战演练

步骤 1　单击"文件"|"打开"命令，打开一幅路径素材图形，如图 5-1 所示。

步骤 2　使用选择工具选中需要填充的路径后，将鼠标指针移至工具箱中的"填色"图标上，双击鼠标左键，弹出"拾色器"对话框，将鼠标指针移至"选择颜色"选项区中，此时，鼠标指针呈正圆形状○，移动鼠标指针至需要填充的颜色区域上（CMYK 的参数值分别为 80、2、100、0），如图 5-2 所示。

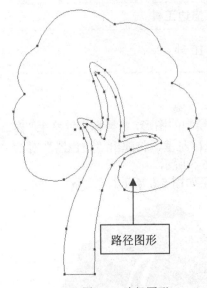

路径图形

图 5-1　路径图形

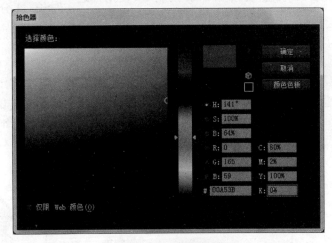

图 5-2　设置颜色

步骤 3　单击"确定"按钮，即可为选择的路径填充相应的颜色，如图 5-3 所示。

步骤 4　用与上述相同的方法，为树干填充相应的颜色，效果如图 5-4 所示。

技巧点拨

图形的填充主要由填充和描边两部分组成，填充指的是图形中所包含的颜色和图案，而描边指的是包围图形的路径线条。

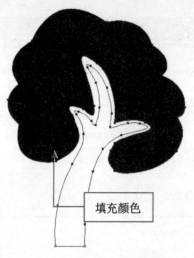

填充颜色

图 5-3　填充颜色

图 5-4　图像效果

技能 87　使用"描边"描边图形

素材：光盘/素材/第 5 章/树 2.ai	效果：光盘/效果/第 5 章/技能 87 使用描边工具描边图形.ai
难度：★★★★★	技能核心：描边工具
视频：光盘/视频/第 5 章/技能 87 使用描边工具描边图形.avi	时长：1 分 10 秒

实战演练

步骤 1　打开技能 86 的效果图形，使用选择工具选中所绘制的图形，将鼠标指针移至"描边"图标上，单击鼠标左键即可启用描边工具，双击鼠标左键，将弹出"拾色器"对话框，设置 CMYK 的参数值分别为 85、20、100、5，如图 5-5 所示。

步骤 2　单击"确定"按钮，即可为图形进行描边，效果如图 5-6 所示。

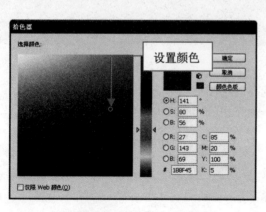

图 5-5　"拾色器"对话框

描边后的图形

图 5-6　描边后的图形效果

技巧点拨

在 Illustrator CC 中，按【X】键也可以激活填充和描边工具。若"填色"和"描边"图标中都存有颜色时，单击"互换填色和描边"按钮 或按【Shift+X】组合键，即可互换填色与描边的颜色，按"默认填色和描边"按钮 或按【X】键，即可将"填色"和"描边"设置为系统的默认色。

5.2 使用上色工具进行单色填充

 使用实时上色工具填充图形

素材：光盘/素材/第 5 章/棒球帽.ai	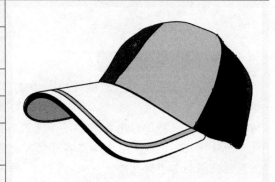
效果：光盘/效果/第 5 章/技能 88 使用实时上色工具填充图形.ai	
难度：★★★★☆	
技能核心：实时上色工具	
视频：光盘/视频/第 5 章/技能 88 使用实时上色工具填充图形.avi	
时长：2 分 12 秒	

实战演练

步骤 1　单击"文件"｜"打开"命令，打开一幅素材图形，选取工具箱中的选择工具 ，将鼠标指针移至图形编辑窗口中的合适位置，单击鼠标左键并拖曳，将所有图形全部框选后，释放鼠标左键，如图 5-7 所示。

步骤 2　在实时上色工具图标上双击鼠标左键，弹出"实时上色工具选项"对话框，在"突出显示"选项区中设置"颜色"为"淡蓝色"、"宽度"为 4pt，如图 5-8 所示。

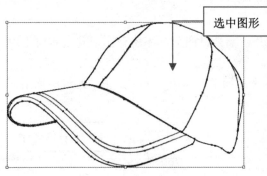

图 5-7　选中图形

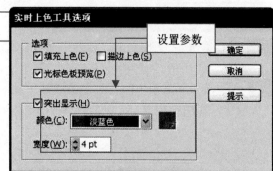

图 5-8　"实时上色工具选项"对话框

步骤 3　单击"确定"按钮，将鼠标指针移至图形编辑窗口中需要填充的图形上，此时鼠标指针呈 形状，鼠标右侧则显示"单击以建立'实时上色'组"的提示信息。

步骤 **4** 单击鼠标左键,该图形即可建立实时上色组,并且图形将以在"实时上色工具选项"对话框中所设置的颜色和宽度进行显示。

步骤 **5** 双击工具箱中的"填色"图标 ,弹出"拾色器"对话框,设置CMYK的参数值分别为0、0、100、0,单击"确定"按钮,将鼠标指针移至需要填充的图形上,单击鼠标左键,即可为该图形填充相应的颜色,如图5-9所示。

步骤 **6** 用与上述相同的方法,为其他图形填充颜色,效果如图5-10所示。

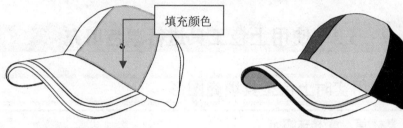

图5-9 填充颜色   图5-10 图形效果

技巧点拨

使用实时上色工具对所选择的图形建立了实时上色组后,所有图形将成为一个整体,近似于对图形进行编组,若需要单独对某一个图形进行编辑,则需要使用工具箱中的编组选择工具将图形单独选中,再使用其他编辑工具对该图形进行编辑。

一般情况下,当使用选择工具对实时上色组中的某一个图形进行选择时,整个实时上色组的图形都将被选中。

技能 89 使用实时上色选择工具填充图形

素材:光盘/素材/第5章/鞋子.ai	效果:光盘/效果/第5章/技能89 使用实时上色选择工具填充图形.ai
难度:★★★★☆	技能核心:实时上色选择工具
视频:光盘/视频/第5章/技能89 使用实时上色选择工具填充图形.avi	时长:2分47秒

实战演练

步骤 **1** 单击 "文件" | "打开"命令,打开一幅素材图形,为所有图形建立实时上色组,如图5-11所示。

步骤 **2** 选取工具箱中的实时上色选择工具,将鼠标指针移至一个图形上,此时鼠标指针呈 形状,如图5-12所示。

鼠标指针形状

图5-11 建立实时上色组   图5-12 鼠标指针形状

技巧点拨

　　在实时上色选择工具图标上双击鼠标左键，将会弹出"实时上色选择工具选项"对话框，在"突出显示"选项区中可以设置"颜色"和"宽度"，使用实时上色选择工具选中图形后，图形则会以设置的颜色和宽度进行显示。

步骤 3　在图形上单击鼠标左键，图形呈灰色状态，则表示该图形已被选中，如图5-13所示。

步骤 4　在工具箱中双击"填色"图标，弹出"拾色器"对话框，设置"填充色"为洋红色（CMYK 的参数值分别为 0、100、0、0），单击"确定"按钮，即可为所选中的图形填充相应的颜色，如图 5-14 所示。

步骤 5　用与上述相同的方法，为其他图形填充相应的颜色，效果如图 5-15 所示。

图 5-13　选中图形

图 5-14　填充颜色

图 5-15　填充其他图形

技巧点拨

　　使用实时上色选择工具填充的主要对象是建立了实时上色组的图形，与实时上色工具的填色方式有所不同的是，实时上色选择工具需要先对图形进行选中，待设置好颜色后系统将自动对所选中的图形进行填充。

技能 90　使用吸管工具吸取颜色并填充图形

素材：光盘/素材/第 5 章/棒球帽 2.ai	
效果：光盘/效果/第 5 章/技能 90 使用吸管工具吸取颜色并填充图形.ai	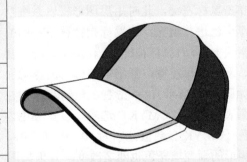
难度：★★★★★	
技能核心：吸管工具	
视频：光盘/视频/第 5 章/技能 90 使用吸管工具吸取颜色并填充图形.avi	
时长：37 秒	

实战演练

步骤 1 单击"文件"│"打开"命令，打开一幅素材图形，使用选择工具选中需要进行填充的图形，如图 5-16 所示。

步骤 2 选取工具箱中的吸管工具 🖊，将鼠标指针移至图形编辑窗口中需要吸取颜色的图形上，如图 5-17 所示。

步骤 3 单击鼠标左键，即可将选择的图形填充为所吸取的颜色，效果如图 5-18 所示。

图 5-16 选中图形   图 5-17 移动鼠标指针   图 5-18 填充吸取的颜色

5.3 使用其他工具进行多色填充

技能 91 使用渐变工具填充渐变色

素材：光盘/素材/第 5 章/飞.ai	效果：光盘/效果/第 5 章/技能 91 使用渐变工具填充渐变色.ai
难度：★★★★★	技能核心：渐变工具
视频：光盘/视频/第 5 章/技能 91 使用渐变工具填充渐变色.avi	时长：1 分 40 秒

实战演练

步骤 1 单击"文件"│"打开"命令，打开一幅素材图形，如图 5-19 所示。

步骤 2 选取工具箱中的矩形工具 ，在图形编辑窗口中绘制一个与素材图形一样大小的矩形；选取工具箱中的渐变工具 ■，在矩形图形上单击鼠标左键，此时矩形图形将以系统默认的渐变色进行填充，将鼠标指针移至右侧的渐变滑块上，此时鼠标指针呈形状，如图 5-20 所示，双击鼠标左键，弹出调整颜色的浮动面板（如图 5-21 所示），单击右上角的 ■ 按钮在下拉列表中勾选"CMYK"选项，设置颜色为淡蓝色（CMYK 参数值分别为 40、0、0、0），此时矩形的渐变填充色也随之改变，效果如图 5-22 所示。

图 5-19 素材图形

图 5-20 渐变图形

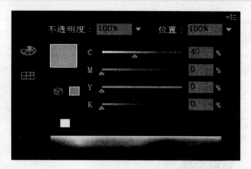

图 5-21 设置渐变填充颜色

图 5-22 填充渐变效果

图 5-23 设置渐变角度

 技巧点拨

　　为图形创建渐变效果后，当鼠标指针移至渐变工具的线段附近时，线段将显示为渐变填充的预览效果，系统默认的渐变工具有两个渐变滑块和一个调整点，当鼠标指针在预览效果附近呈 ‡+ 形状时，单击鼠标左键，即可添加一个渐变滑块和一个调整点；若在滑块上单击鼠标左键，并向渐变工具外侧进行拖曳，即可将该滑块删除。

　　另外，在某一渐变滑块上双击鼠标左键后，弹出调整颜色浮动面板，此时用户可以设置渐变填充的"不透明度"和该滑块在渐变工具上的位置，即可改变图形的渐变填充效果。

步骤 ③　打开右侧"渐变"面板，设置渐变颜色的角度为"90°"，即可实现渐变图形方向的调转。如图 5-23 所示。

步骤 ④　在图形上单击鼠标右键，在弹出的快捷菜单中选择"排列"│"置于底层"选项，即可将渐变图形移至底层，效果如图 5-24 所示。

图 5-24 渐变图形置于底层效果图

技能 92　使用网格工具填充图形

素材：	光盘/素材/第 5 章/云彩.ai
效果：	光盘/效果/第 5 章/技能 92 使用网格工具填充图形.ai
难度：	★★★★★
技能核心：	网格工具
视频：	光盘/视频/第 5 章/技能 92 使用网格工具填充图形.avi
时长：	6 分 16 秒

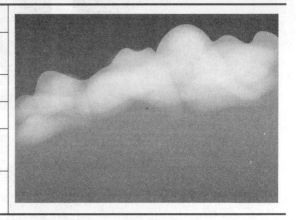

实战演练

步骤 1　单击"文件"｜"新建"命令，打开"新建文档"对话框，设置新文件的名称为"云彩"，颜色模式为"RGB"，其他设置如图 5-25 所示。选择"矩形工具"，在页面中绘制一个矩形，将其填充颜色设为从浅蓝色（R：150；G：217；B：238）到蓝色（R：40；G：170；B：226）的线性渐变，在"类型"下拉列表中选择线性，"角度"设为 90°，将"描边"设置为无，为矩形填充渐变，填充后的效果如图 5-26 所示。

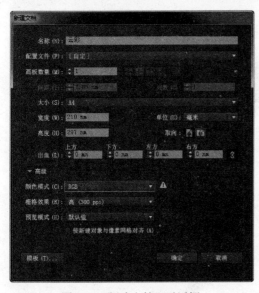

图 5-25 "新建文档"对话框

图 5-26 填充渐变

技巧点拨

　　网格工具是一个较为特殊的填充工具，它可以将贝赛尔曲线、网格和渐变填充等功能的优势集为一体。使用网格工具可以对一个网格图形创建多个网格点，从而可以对图形进行不同方向和不同颜色的填充，并且颜色的过渡效果自然平滑。在默认状态下，所添加的网格点的填充颜色均为当前所设置的前景色。

步骤 2 在工具箱中选择"钢笔工具",在适当位置绘制一个封闭图形,将其填充颜色设为从白色到蓝色(R:40;G:170;B:226)的线性渐变"角度"设为-90°,将描边设为无,效果如图 5-27 所示。

步骤 3 执行菜单栏中的"窗口"|"透明度"命令,打开"透明度"面板,将其"不透明度"设为 50%,如图 5-28 所示。此时的图形效果如图 5-29 所示。

图 5-27 绘制封闭图形

图 5-28 "透明度"面板

图 5-29 降低不透明度效果

图 5-30 填充黑色

步骤 4 使用"钢笔工具",在适当位置绘制一个封闭图形,将其填充颜色设为黑色,描边设为无,效果如图 5-30 所示。

图 5-31 添加网格点

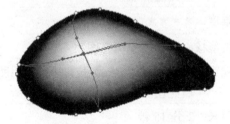
图 5-32 设置网格点颜色为白色

步骤 5 选择"网格工具",在黑色图形的中间位置单击鼠标,添加一个网格点,效果如图 5-31 所示。然后将网格点的颜色设为白色,如图 5-32 所示。

步骤 6 使用选择工具选中图形,打开"透明度"控制面板,将其混合模式设为"滤色",将"不透明度"选项设为 70%,如图 5-33 所示。制作出白云效果,如图 5-34 所示。

步骤 7 使用同样的方法,将云朵复制多份并移动到不同的位置,也可以将其进行适当的旋转,以制作成更加逼真的云彩效果,这样就完成了整个云彩的制作,完成的最终效果如图 5-35 所示。

图 5-33 "透明度"面板

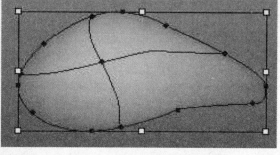

图 5-34 白云效果

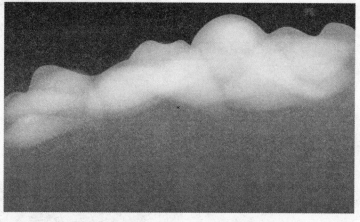

图 5-35 最终效果

技能 93　使用图案填充图形

素材：光盘/素材/第 5 章/瓢虫.ai	
效果：光盘/效果/第 5 章/技能 93 使用图案 　　　填充图形.ai	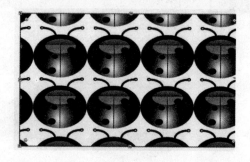
难度：★★★★☆	
技能核心：自定义填充图案	
视频：光盘/视频/第 5 章/技能 93 使用图案 　　　填充图形.avi	
时长：2 分 15 秒	

实战演练

步骤 1　单击"文件"|"打开"命令，打开一幅素材图形，选中图形进行适当缩放，选中"矩形工具"绘制一个矩形，设置填充颜色，使用选择工具选中图形编辑窗口中需要定义为图案的图形，如图 5-36 所示。

步骤 2　单击"窗口"|"色板"命令，调出"色板"浮动面板，单击面板底部的"显示'色板类型'菜单"按钮 ，在弹出的下拉菜单中选择"显示图案色板"选项，即可显示预设图案，如图 5-37 所示。

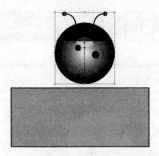

图 5-36　选中图形

图 5-37　显示预设图案

步骤 3 将图形编辑窗口中所选择的图形直接拖曳至"色板"浮动面板中，当鼠标指针呈形状时，释放鼠标，即可将该图形定义为图案，如图 5-38 所示。

图 5-38　添加自定义图案

图 5-39　选中图形

步骤 4 在图形编辑窗口中选中需要填充图案的图形，如图 5-39 所示。

步骤 5 在"色板"浮动面板中，单击所定义的图案，即可为所选择的图形填充自定义的图案，效果如图 5-40 所示。

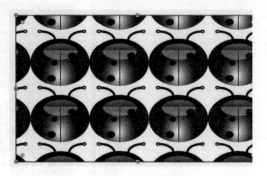

图 5-40　填充图案

 技巧点拨

　　在对图形进行图案填充时，若选择的填充图案尺寸大于所选择的图形尺寸，则图形中将只能显示填充图案的部分区域；若所选择的填充图案的尺寸小于所选择的图形尺寸，则填充图案将以平铺的方式在图形中显示；若未选择编辑窗口中的任何图形，而在"色板"浮动面板中选择了填充的图案，则在图形编辑窗口中绘制的下一个图形将以所选择的图案进行填充。

5.4　应用面板填充图形

技能 94　使用"描边"面板为图形描边

素材：光盘/素材/第 5 章/信封纸.ai	效果：光盘/效果/第 5 章/技能 94 使用"描边"面板为图形描边.ai
难度：★★★★★	技能核心："描边"面板
视频：光盘/视频/第 5 章/技能 94 使用"描边"面板为图形描边.avi	时长：3 分 11 秒

实战演练

步骤 **1**　单击"文件"｜"打开"命令，打开一幅素材图形，选取工具箱中的圆角矩形工具 □，在工具属性栏上设置填充色为"无"、描边颜色为黄色（CMYK 参数值分别为 0、0、100、0），在图形编辑窗口中绘制一个合适大小和角度的圆角矩形框，如图 5-41 所示。

步骤 **2**　选中所绘制的圆角矩形框，单击"窗口"｜"描边"命令，调出"描边"浮动面板，设置"粗细"为 5pt，单击"圆角端点"按钮 □，选中"虚线"复选框，在数值框中设置"虚线"为 20pt、"间隙"为 10pt，如图 5-42 所示。

绘制圆角矩形框

图 5-41　绘制圆角矩形框

设置参数

图 5-42　设置参数

步骤 **3**　设置描边参数的同时，圆角矩形框的描边效果也随之改变，效果如图 5-43 所示。

步骤 **4**　用与上述相同的方法，绘制另一个圆角矩形框，并设置描边效果，如图 5-44 所示。

图 5-43　描边效果

图 5-44　描边效果

 技巧点拨

　　使用"描边"面板的主要作用是对所绘制的图形路径进行设置，在"虚线"复选框下，设置"虚线"和"间隙"的数值框分别有 3 个，若选中一个需要描边的图形后，对6 个数值框都进行了设置，则此图形中将有 3 种不同的描边效果。

技能 95　使用"渐变"面板填充图形

素材：光盘/素材/第 5 章/咖啡杯.ai	
效果：光盘/效果/第 5 章/技能 95 使用"渐变"面板填充图形.ai	
难度：★★★★★	
技能核心："渐变"面板	
视频：光盘/视频/第 5 章/技能 95 使用"渐变"面板填充图形.avi	
时长：2 分 15 秒	

↗ 实战演练

步骤 **1**　单击"文件"｜"打开"命令，打开一幅素材图形，使用选择工具选中杯身图形，如图 5-45 所示。

步骤 **2**　单击"窗口"｜"渐变"命令，调出"渐变"浮动面板，单击"渐变填色"右侧的下三角按钮，在弹出的下拉列表中选择"线性"选项，在"角度"下拉列表中选择"-30°"，双击渐变条下方右侧的渐变滑块，在弹出的调色板中设置 CMYK 的参数值分别为 0、0、0、40，即可改变双击的渐变滑块的颜色，返回"渐变"浮动调板，单击渐变条上方的调整点，将其调整至合适位置，如图 5-46 所示。

图 5-45　选中杯身图形　　　　　　　　　　图 5-46　设置参数

技巧点拨

在"渐变"浮动面板中，系统自带了多个渐变填色样式，选择样式后渐变条上将有渐变填充色的预览效果，选择"线性"或"径向"类型后，渐变填充色是不会改变的，除非对渐变滑块进行调整。选择不同的渐变填色样式和类型，图形的渐变效果也会有所不同。

另外，若要删除渐变条中的滑块，则只需选中所要删除的滑块，再单击渐变条右侧的"删除色标"按钮即可。

步骤 3　执行上述操作后，将对杯身图形以设置的渐变色进行填充，再选中需要填充渐变色的其他图形，如图 5-47 所示。

步骤 4　在"渐变"浮动面板中设置"类型"为"线性"，将鼠标指针移至渐变条下方，当鼠标指针呈形状时，单击鼠标左键，添加渐变滑块，并设置滑块的颜色，如图 5-48 所示。

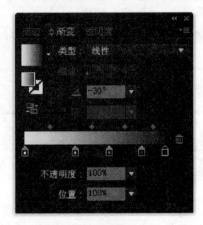

图 5-47　选中其他图形　　　　　　　　　　图 5-48　调整滑块

步骤 5　设置渐变填充的参数后，所选中图形的渐变填充效果也将随之改变，如图 5-49 所示。

步骤 6 用与上述相同的方法，设置其他需要进行渐变填充的图形，效果如图 5-50 所示。

图 5-49 设置渐变填充效果　　　　　　图 5-50 设置其他图形的渐变填充效果

技能 96 使用"透明度"面板填充图形

素材：光盘/素材/第 5 章/技能 95 咖啡杯 2.ai

效果：光盘/效果/第 5 章/技能 96 使用"透明度"面板填充图形.ai

难度：★★ ☆ ☆ ☆

技能核心："透明度"面板

视频：光盘/视频/第 5 章/技能 96 使用"透明度"面板填充图形.avi

时长：45 秒

实战演练

步骤 1 打开素材图形，选中需要设置透明度的图形，如图 5-51 所示。

步骤 2 单击"窗口"|"透明度"命令，调出"透明度"浮动面板，设置"混合模式"为"正常"、"不透明度"为 30°，如图 5-52 所示。

选中图形

图 5-51 选中图形

设置参数

图 5-52 设置参数

技巧点拨

　　在"透明度"浮动面板中，"不透明度"的数值范围为0～100。当数值为0时，所选择的图形将呈透明状态；若数值为100，则所选择的图形呈不透明状态；当数值在0～100之间，所选择的图形将呈现出不同程度的半透明状态。

| 步骤 | 3 | 执行上述操作后，即可改变选择图形的透明度，效果如图5-53所示。 |

| 步骤 | 4 | 用与上述相同的方法，设置其他图形的透明度，效果如图5-54所示。 |

技巧点拨

　　选中需要设置透明度的图形后，使用"透明度"面板可以设置图形在图像中的混合模式；若单击浮动面板右侧的 按钮，将弹出面板菜单，选择"建立不透明蒙版"选项，即可激活"剪切"和"反相蒙版"复选框。

改变透明度

设置其他图形的透明度

图5-53　改变透明度　　　　　　图5-54　设置其他图形的透明度

技能 97　使用"色板"面板填充图形

素材：光盘/素材/第5章/学士帽.ai	
效果：光盘/效果/第5章/技能97 使用"色板"面板填充图形.ai	
难度：★★☆☆☆	
技能核心："色板"面板	
视频：光盘/视频/第5章/技能97 使用"色板"面板填充图形.avi	
时长：55 秒	

实战演练

| 步骤 | 1 | 单击"文件"｜"打开"命令，打开一幅素材图形，选取工具箱中的选择工具 ，|

选中帽子顶图形，如图5-55所示。

| 步骤 | 2 | 单击"窗口"｜"色板"命令，调出"色板"浮动面板，将鼠标指针移至浮动面 |

板中需要填充的颜色块上，如图 5-56 所示。

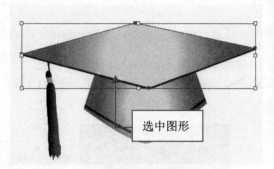

图 5-55 选中图形　　　　图 5-56 "色板" 浮动面板

 技巧点拨

在 "色板" 浮动面板中，除了渐变色块不可以对所选择的图形轮廓进行填充外，其他色块均可对图像的轮廓进行填充。

步骤 3 单击鼠标左键，即可为所选择的图形填充相应的颜色，效果如图 5-57 所示。

步骤 4 用与上述相同的方法，为其他图形填充颜色，效果如图 5-58 所示。

图 5-57 填充颜色　　　　图 5-58 为其他图形填充颜色

 技巧点拨

在系统默认状态下，"色板" 浮动面板中的颜色较为单一。用户若单击面板右侧的按钮，在弹出的面板菜单中选择 "打开色板库" 选项，在其子菜单中将显示多种色板选项，选中相应的选项，即可调出对应的浮动面板。

技能98 使用 "颜色" 面板填充图形

素材：光盘/素材/第 5 章/笔盒.ai	
效果：光盘/效果/第 5 章/技能 98 使用 "颜色" 面板填充图形.ai	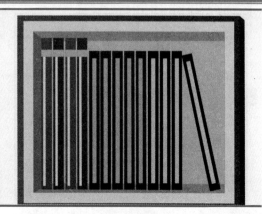
难度：★★☆☆☆	
技能核心："颜色" 面板	
视频：光盘/视频/第 5 章/技能 98 使用 "颜色" 面板填充图形.avi	
时长：1 分 3 秒	

实战演练

步骤 1 单击"文件"|"打开"命令，打开一幅素材图形，选取工具箱中的选择工具 ，
选中图形编辑窗口中需要填充的图形，如图 5-59 所示。

步骤 2 单击"窗口"|"颜色"命令，调出"颜色"浮动面板，设置 CMYK 的参数值
分别为 0、80、0、0，如图 5-60 所示。

选中图形

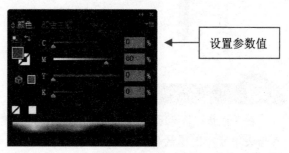

设置参数值

图 5-59　选中图形

图 5-60　设置参数值

技巧点拨

单击"颜色"浮动面板右侧的 按钮，将弹出面板菜单，其中有"灰度"、RGB、
CMYK、HSB 和"Web 安全 RGB"5 种颜色模式可供用户选择。

其中"Web 安全 RGB"颜色模式是一种常用于网页显示的颜色模式，若所绘制的
图形或作品要在网络上进行发布，则最好选择此种颜色模式，因为它不仅可以在不影响
显示效果的前提下减少文件的颜色容量，还可以在网页上准确地显示作品。

步骤 3 执行上述操作后，选择的图形将以所设置的颜色进行填充，效果如图 5-61 所示。

步骤 4 用与上述相同的方法，对其他图形进行填充，效果如图 5-62 所示。

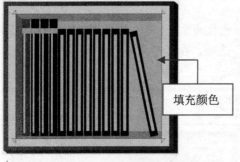

填充颜色

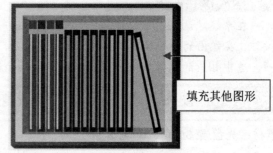

填充其他图形

图 5-61　填充颜色

图 5-62　填充其他图形

技巧点拨

"颜色"浮动面板主要分为上下两部分，用户除了在数值框中通过输入精确的数值
来设置填充颜色外，也可以在面板下方的颜色色谱条中直接选取所需要的颜色，将鼠标
指针移至颜色色谱条上，当鼠标指针呈吸管 形状时，单击鼠标左键，即可将对应的颜
色应用于所选择的图形上。

5.5 制作混合效果

技能99 使用混合工具创建混合图形

素材：光盘/素材/第 5 章/糖果.ai

效果：光盘/效果/第 5 章/技能 99 使用混合
工具创建混合图形.ai

难度：★★★★★

技能核心：单击鼠标左键

视频：光盘/视频/第 5 章/技能 99 使用混合
工具创建混合图形.avi

时长：43 秒

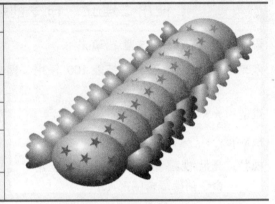

 实战演练

步骤 **1** 单击"文件"|"打开"命令，打开一
幅素材图形，选取工具箱中的混合工具 ，将鼠
标指针移至其中的一个图形上，此时鼠标指针呈
形状（如图 5-63 所示），单击鼠标左键。

步骤 **2** 将鼠标指针移至另一个图形上，此时鼠
标指针呈 形状，如图 5-64 所示。

步骤 **3** 单击鼠标左键，即可创建混合图形，效
果如图 5-65 所示。

鼠标指针形状

图 5-63 鼠标指针形状

 技巧点拨

双击工具箱中的"混合工具"，弹出"混合选项对话框"，在"间距"下拉列表中勾
选"指定的步数"，在右边文本框中输入数值，单击"确定"按钮，输入的数值不同，
效果不同。

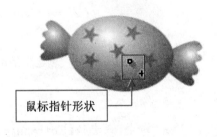

鼠标指针形状

图 5-64 定位鼠标

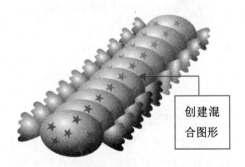

创建混
合图形

图 5-65 创建混合图形

技巧点拨

使用混合工具创建的混合图形可以使两图形之间的过渡平滑。用户所编辑的图形可以是封闭路径、开放路径、编组图形和复合路径等。

技能 100 使用"建立"命令创建混合图形

素材：	光盘/素材/第 5 章/铅笔.ai
效果：	光盘/效果/第 5 章/技能 100 使用"建立"命令创建混合图形.ai
难度：	★★☆☆☆
技能核心：	"建立"命令
视频：	光盘/视频/第 5 章/技能 100 使用"建立"命令创建混合图形.avi
时长：	1 分 9 秒

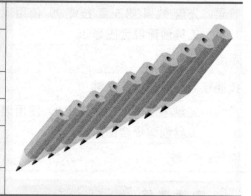

⬈ 实战演练

步骤 1 单击"文件"|"打开"命令，打开一幅素材图形，使用选择工具选中图形，按住【Alt】键的同时单击鼠标左键并拖曳，至合适位置后释放鼠标，即可复制该图形，然后调整所复制图形的位置与大小，如图 5-66 所示。

步骤 2 将两个图形选中，单击"对象"|"混合"|"建立"命令，即可创建混合图形，如图 5-67 所示。

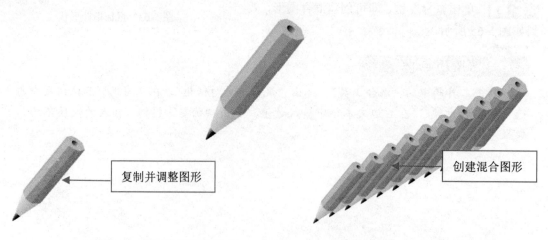

图 5-66 复制并调整图形　　　　　　　　图 5-67 创建混合图形

 技巧点拨

创建了混合图形后，单击"对象"|"混合"|"释放"命令，或者按【Ctrl+Shift+Alt+B】组合键，即可释放所选择的混合图形，并将其还原至未创建混合效果之前的状态。

技能 101　使用"替换混合轴"命令创建混合图形

素材：光盘/素材/第 5 章/燕子.ai	
效果：光盘/效果/第 5 章/技能 101 使用"替换混合轴"命令创建混合图形.ai	
难度：★★★☆☆	
技能核心：创建路径、"替换混合轴"命令	
视频：光盘/视频/第 5 章/技能 101 使用"替换混合轴"命令创建混合图形.avi	
时长：1 分 39 秒	

↗ 实战演练

步骤 1　单击"文件"｜"打开"命令，打开一幅素材图形并选中该图形，按住【Alt】键的同时，单击鼠标左键并拖曳，至合适位置后释放鼠标，即可复制该图形，然后调整所复制图形的位置，如图 5-68 所示。

步骤 2　将两个图形选中，单击"对象"｜"混合"｜"建立"命令，即可创建两图形之间的混合效果，如图 5-69 所示。

步骤 3　选取工具箱中的钢笔工具 ，在图形编辑窗口中绘制一条开放的直线路径，如图 5-70 所示。

步骤 4　使用选择工具将已创建的混合图形和开放路径选中，单击"对象"｜"混合"｜"替换混合轴"命令，此时混合图形将沿着开放的路径进行排列，效果如图 5-71 所示。

图 5-68　复制并调整图形

图 5-69　图形的混合效果

图 5-70　绘制直线路径

图 5-71　沿路径排列图形

技巧点拨

在"混合"子菜单中，若选择"反向混合轴"选项，则可以将所创建的替换混合轴图形的位置进行反向；若选择"反向堆叠"选项，则可以将混合图形中两端的图形颜色和形状大小进行反向。

技能 102	设置混合选项	
素材：光盘/素材/第 5 章/可爱.ai		效果：无
难度：★★★★★		技能核心："混合选项"命令
视频：光盘/视频/第 5 章/技能 102 设置混合选项.avi		时长：2 分 38 秒

实战演练

步骤 **1**　单击"文件"｜"打开"命令，打开一幅素材图形；单击"对象"｜"混合"｜"混合选项"命令，弹出"混合选项"对话框，单击"间距"右侧的下拉按钮，在弹出的下拉列表中选择"指定的距离"选项，在其右侧的文本框中输入 20mm；在下拉列表框中选择"指定的步数"选项，并在其右侧的文本框中输入 5，如图 5-72 所示。

图 5-72 设置参数

步骤 **2**　单击"确定"按钮后，将图形编辑窗口中的图形进行复制，并调整所复制图形的位置与大小，选中图形编辑窗口中的所有图形，按【Ctrl+Alt+B】组合键，即可创建混合图形，效果如图 5-73 所示。

步骤 **3**　选中混合图形后，按【Ctrl+Shift+Alt+B】组合键，释放混合图形，将图形恢复至未创建混合图形之前的状态；单击"对象"｜"混合"｜"混合选项"命令，打开"混合选项"对话框，设置"指定的步数"为 5、"指定的距离"为 80mm，单击"确定"按钮，并对图形编辑窗口中的图形进行混合图形的创建，效果如图 5-74 所示。

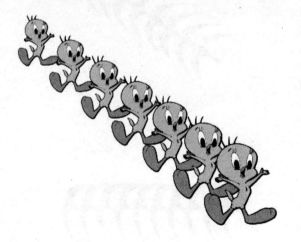

图 5-73 创建的混合图形　　　　　　　　图 5-74　更改参数后的混合图形效果

技巧点拨

"混合选项"对话框中主要选项的含义如下：

● 平滑颜色：选择此选项后，系统将自动根据两个图形之间的颜色和形状确定混合的步数。

● 指定的步数：主要用来控制图形混合的开始与结束之间的步数，输入范围为 1～100。

● 指定的距离：主要用来控制每一步混合图形之间的距离，数值越大，混合图形之间的距离就越大，其输入范围为 0.1～100。

● "对齐页面"按钮：单击此按钮，可以使混合图形垂直于页面的 X 轴。

● "对齐路径"按钮：单击此按钮，可以使混合图形垂直于所绘制的路径。

技能 103　编辑混合效果

素材：光盘/素材/第 5 章/椅子.ai	
效果：光盘/效果/第 5 章/技能 103 编辑混合效果.ai	
难度：★★★★★	
技能核心：调整路径锚点	
视频：光盘/视频/第 5 章/技能 103 编辑混合效果.avi	
时长：1 分 34 秒	

↗ 实战演练

步骤 **1**　单击"文件"|"打开"命令，打开素材图形，按【Ctrl+A】组合键，选中图形编辑窗口中的所有图形，如图 5-75 所示。

步骤 **2**　单击"对象"|"混合"|"替换混合轴"命令，在"混合选项"对话框中，单击"取向"中的"对齐页面"，单击"确定"按钮，混合图形将沿着开放的路径进行排列，效果如图 5-76 所示。

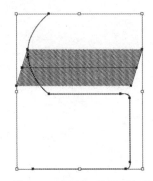

图 5-75　创建混合图形和绘制路径

图 5-76　混合图形沿路径排列

步骤 **3**　选取工具箱中的直接选择工具，将鼠标指针移至所绘制的开放路径上，在最上方的锚点上单击鼠标左键并水平向左拖曳，该锚点的位置随之改变，混合图形的效果也随之改变，效果如图 5-77 所示。

步骤 4 若想改变混合图形的弯曲程度，则可将鼠标指针移至第二个锚点的（从上至下）手柄方向点上，如图 5-78 所示。

图 5-77 拖曳鼠标   图 5-78 定位鼠标指针

步骤 5 用与上述相同的方法，根据需要调整其他的路径锚点，最终效果如图 5-79 所示。

图 5-79 最终效果

技巧点拨

当用户对所选择的图形进行混合操作后，产生的混合顺序是按图形的绘制顺序进行排列的。因此，在执行混合操作时，可以先对图形进行排列，在调整顺序后再进行混合操作，或者在混合操作完成后使用"反向堆叠"命令。

6

变换图形

在 Illustrator CC 中，除了能够对图形进行选择、移动和编组等基本操作外，还可以运用命令、工具或浮动面板等对图形进行变换或变形操作，从而使作品具有多样化和灵活性的特征。

本章主要介绍变换图形、改变图形形状、封套扭曲变形、对齐与分布对象的操作技巧。

6.1 变换图形

技能 104 旋转图形

素材：光盘/素材/第 6 章/五角星.ai	
效果：光盘/素材/第 6 章/技能 104 旋转图形.ai	
难度：★★☆☆☆	
技能核心：旋转工具	
视频：光盘/视频/第 6 章/技能 104 旋转图形.avi	
时长：58 秒	

实战演练

步骤 **1**　单击"文件"|"打开"命令，打开一幅素材图形并将其选中，如图 6-1 所示。

步骤 **2**　选取工具箱中的旋转工具 ⟳，将鼠标指针移至图形编辑窗口中的合适位置，单击鼠标左键以确定旋转原点，如图 6-2 所示。

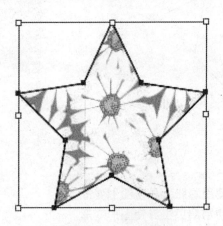

图 6-1　选中图形　　　　　图 6-2　确认旋转原点

 技巧点拨

　　使用旋转工具时，如果不在选择的图形上确认原点，系统将自动以图形中心为原点；若用户想要精确旋转图形，则可以在确认原点后，单击"对象"|"变换"|"旋转"命令，或双击旋转工具图标，在弹出的"旋转"对话框中进行"角度"的设置，然后单击"确定"按钮，即可对所选择的图形进行精确的旋转。

步骤 **3**　在原点附近拖曳鼠标，即可使图形绕着原点旋转，并以蓝色线条显示旋转操作的预览效果，至合适位置后释放鼠标，即可完成旋转图形的操作，效果如图 6-3 所示。

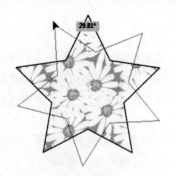

图 6-3 预览效果　　　　　　　　图 6-4　图形效果

技巧点拨

　　在使用旋转工具时，若按住【Shift】键，则图形将以 45 度的倍数进行旋转；若按住【Alt】键，则可以复制并旋转所选择的图形。另外，当鼠标指针距离图形较近时，所旋转的角度增量较大，反之，则角度增量较小。

技能 105　镜像图形

素材：光盘/素材/第 6 章/树叶 1.ai	
效果：光盘/效果/第 6 章/技能 105 镜像图形.ai	
难度：★★★ ★ ★	
技能核心：镜像工具	
视频：光盘/视频/第 6 章/技能 105 镜像图形.avi	
时长：1 分 2 秒	

实战演练

步骤 1　单击"文件"｜"打开"命令，打开一幅素材图形，选中图形，如图 6-5 所示。

步骤 2　在工具箱中选择"镜像工具"，将光标移动到合适的位置并单击鼠标，确定镜像的轴点，按住【Alt】键的同时拖到鼠标，将其拖动到合适的位置后释放鼠标，松开【Alt】键，如图 6-6 所示，即可复制一个图形，并调整图形位置，如图 6-7 所示。

图 6-5　选中图形　　　　图 6-6　镜像预览效果　　　　图 6-7　调整图形位置

技巧点拨

　　图形的镜像就是将图形从左至右或从上到下进行翻转，默认情况下，镜像的原点位于对象的中心，用户也可以根据需要自定义原点的位置，在图形编辑窗口中的任意位置单击鼠标左键，即可确认镜像的原点。另外，按住【Shift】键，可以使所选择的图形水平或垂直镜像。

　　除了使用镜像工具可以对图形进行镜像操作外，还可以利用"镜像"对话框对图形进行精确的镜像操作。双击镜像工具图标，或单击"对象"｜"变换"｜"对称"命令，即可弹出"镜像"对话框，该对话框中主要选项的含义如下：

- "水平"单选按钮：选中此单选按钮，可以使选择的图形以水平方向进行镜像。
- "垂直"单选按钮：选中此单选按钮，可以使选择的图形以垂直方向进行镜像。
- "角度"单选按钮：选中此单选按钮，并输入相应的数值，图形将以设置的角度进行镜像。

技能 106　比例缩放图形

素材：光盘/素材/第 6 章/A4 纸盒.ai		效果：无	
难度：★★★★★		技能核心：比例缩放工具	
视频：光盘/视频/第 6 章/技能 106 比例缩放图形.avi			时长：51 秒

实战演练

步骤 **1**　单击"文件"｜"打开"命令，打开一幅素材图形，使用选择工具选中需要编辑的图形，如图 6-8 所示。

步骤 **2**　将鼠标指针移至"比例缩放工具"图标上，双击鼠标左键，弹出"比例缩放"对话框，选中"等比"单选按钮，设置"比例缩放"为 80%，如图 6-9 所示。

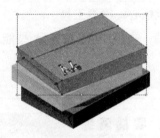

图 6-8　选中图形

技巧点拨

　　"比例缩放"对话框中主要选项的含义如下：

- "比例缩放"数值框：主要用来设置图形的缩放比例。
- "水平"数值框：主要用来设置图形的水平缩放比例。
- "垂直"数值框：主要用来设置图形的垂直缩放比例。
- "比例缩放描边和效果"复选框：选中此复选框，对图形进行缩放操作时，图形的描边宽度会随着对象进行缩放。
- "对象"复选框：若选中此复选框，则缩放操作只针对图形。
- "图案"数值框：选中此复选框，缩放操作针对的是应用于图形中的填充图案，而不会对图形起作用。
- "复制"按钮：单击此按钮，不仅可以对所选择的图形按照设置的参数进行缩放，同时也能够对缩放的图形进行复制。

步骤 3　单击"确定"按钮，所选择的图形即可按照设置的参数进行等比例缩放，如图6-10所示。

等比例缩放图形

图6-9　"比例缩放"对话框　　　　　　图6-10　等比例缩放图形

技巧点拨

除了通过在其对话框中设置参数对图形进行比例缩放外，还可以直接使用比例缩放工具对图形进行缩放，选中图形后选取比例缩放工具，在图形上确认原点，然后单击鼠标左键并拖曳，即可缩放图形。

在对所选择的图形进行缩放时，若按住【Shift】键，则可以等比例缩放图形；若按住【Alt】键，则可以使图形以中心进行缩放；若按住【Alt+Shift】组合键，则可以使图形以中心进行等比例缩放。当缩放图形时，先对图形进行缩放，若再按住【Alt】键，则可以复制所选择的图形。

技能107　倾斜图形

素材：光盘/素材/第6章/树叶2.ai	
效果：光盘/效果/第6章/技能107 倾斜图形.ai	
难度：★★★☆☆	
技能核心：倾斜工具	
视频：光盘/视频/第6章/技能107 倾斜图形.avi	
时长：56秒	

实战演练

步骤 1　单击"文件"｜"打开"命令，打开一幅素材图形，如图6-11所示。

步骤 2　使用选择工具选中图形，选取工具箱中的倾斜工具，系统将自动以所选图形的中心点为倾斜原点，在图形附近单击鼠标左键并拖曳，此时图形编辑窗口中将以蓝色线框显示倾斜图形的预览效果，如图 6-12 所示。

步骤 3 至合适位置后释放鼠标，即可完成对所选图形的倾斜操作，如图 6-13 所示。

图 6-11 素材图形　　　　图 6-12 单击鼠标左键并拖曳　　　　图 6-13 倾斜图形

技巧点拨

对图形进行倾斜操作时，除了使用倾斜工具外，还可以通过在"倾斜"对话框中设置相应的参数值，轻松且精确地对图形进行倾斜操作。

在该对话框中，较为关键的两个选项分别是"倾斜角度"数值框和"角度"单选按钮。"倾斜角度"数值框主要用于设置选中图形的倾斜角度，若选中"角度"单选按钮，并输入相应的数值，则所选中的图形将以设置的角度进行倾斜。

技能 108　改变图形

素材：光盘/素材/第 6 章/勋章.ai	
效果：光盘/效果/第 6 章/技能 108 改变图形.ai	
难度：★★★☆☆	
技能核心：改变形状工具	
视频：光盘/视频/第 6 章/技能 108 改变图形.avi	
时长：1 分 29 秒	

实战演练

步骤 1 单击"文件"｜"打开"命令，打开一幅素材图形，选取工具箱中的直接选择工具 ，选中需要改变的图形，如图 6-14 所示。

步骤 2 选取工具箱中的整形工具 ，将鼠标指针移至所选图形的合适位置，此时鼠标指针呈 形状，如图 6-15 所示。

选中图形

添加锚点

图 6-14　选择图形　　　　图 6-15　选取整形工具　　　　图 6-16　定位鼠标指针

 技巧点拨

改变形状工具主要是用来调整和改变路径形状的。当鼠标指针呈 🔳 形状时，单击鼠标左键可以添加锚点；若鼠标指针呈 ▶ 形状，则可以拖曳路径。

另外，当用户选择的路径为开放路径时，可以直接使用改变形状工具对添加的锚点进行拖曳，即可改变路径的形状；若选择的路径为闭合路径，则需要使用路径编辑工具，才能对所添加的锚点进行独立编辑。

步骤 3　单击鼠标左键，即可添加一个路径锚点，如图 6-16 所示。

步骤 4　使用直接选择工具选中所添加的锚点，并调整该锚点的位置，如图 6-17 所示。

图 6-17　调整锚点位置　　　　图 6-18　调整控制柄　　　　图 6-19　效果图形

步骤 5　在工具属性栏单击"将所选锚点转换为尖角"按钮，使用直接选择工具对控制柄进行调节，效果如图 6-18 所示。

步骤 6　用与上述相同的方法，对图形编辑窗口中的其他图形进行变形操作，效果如图 6-19 所示。

技能 109　自由变换图形

素材：光盘/素材/第 6 章/包装袋.ai	
效果：光盘/效果/第 6 章/技能 109 自由变换 图形.ai	
难度：★★★★☆	
技能核心：自由变换工具	
视频：光盘/视频/第 6 章/技能 109 自由变换 图形.avi	
时长：1 分 37 秒	

实战演练

步骤 **1**　单击"文件"｜"打开"命令，打开一幅素材图形，选中需要变换的图形，如图 6-20 所示。

步骤 **2**　选取工具箱中的自由变换工具，将鼠标指针移至右上角的节点附近，当鼠标指针呈形状时，单击鼠标左键并拖曳，至合适位置后释放鼠标，即可旋转该图形，效果如图 6-21 所示。

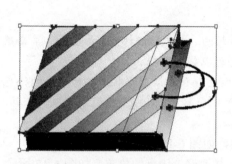

图 6-20　选中图形　　　　　　　　　　　图 6-21　旋转图形

步骤 **3**　将鼠标指针移至图形正上方的节点上，当鼠标指针呈形状时，单击鼠标左键并向下拖曳，至合适位置后释放鼠标，即可改变图形形状，效果如图 6-22 所示。

步骤 **4**　再次将鼠标指针移至图形右侧的节点上，当鼠标指针呈形状时，单击鼠标左键并向左拖曳，如图 6-23 所示，至合适位置后释放鼠标，即可对图形进行镜像操作，效果如图 6-24 所示。

图 6-22　改变图形形状　　　　　图 6-23　向左拖拽效果　　　　　图 6-24　最终效果

 技巧点拨

　　自由变换工具的使用主要是通过控制图形的节点进行操作的，从而可以对图形进行多种变换操作，如移动、旋转、缩放、倾斜、镜像和透视等变换操作。

　　另外，如果需要对图形进行透视变换操作，首先选中需要变换的图形，将鼠标指针移至锚点上，单击鼠标左键，再按【Ctrl+Alt+Shift】组合键，此时鼠标指针将呈形状，拖曳鼠标至合适位置，释放鼠标即可完成图形的透视变换。

技能 110 使用"分别变换"命令变换图形

素材：	光盘/素材/第6章/铅笔1.ai
效果：	光盘/效果/第6章/技能110 使用"分别变换"命令变换图形.ai
难度：	★★★★☆
技能核心：	"分别变换"命令
视频：	光盘/视频/第6章/技能110 使用"分别变换"命令变换图形.avi
时长：	2分14秒

🔺 实战演练

步骤 1　单击"文件"|"打开"命令，打开一幅素材图形，如图6-25所示。

步骤 2　选中需要变换的图形，单击"对象"|"变换"|"分别变换"命令，弹出"分别变换"对话框，在"缩放"选项区中设置"水平"为90%、"垂直"为90%，在"移动"选项区中设置"水平"为2mm、"垂直"为-10mm，在"旋转"选项区中设置"角度"为20°，在对话框右侧设置"参考点" 📟 为"左下角"，如图6-26所示。

图6-25　素材图形

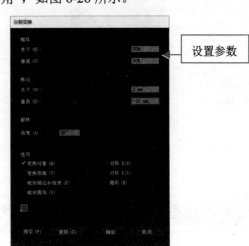

设置参数

图6-26　设置相应的参数

技巧点拨

该对话框中的主要选项的含义如下：

● "缩放"选项区：主要用来设置所选择的图形在水平和垂直方向上的缩放比例，通过在数值框中输入数值，或直接拖曳滑块，即可设置缩放比例。

● "移动"选项区：主要用来设置所选择的图形在水平和垂直方向上的移动距离，通过在数值框中输入数值，或直接拖曳滑块，即可设置移动距离。

● "旋转"选项区：主要用来设置所选择图形的旋转角度，通过在数值框中输入数值，或直接拖曳旋转指针，即可设置旋转角度。

● "对称 X"复选框：选中此复选框，所选择的图形将以 X 轴为镜像轴。

● "对称 Y"复选框：选中此复选框，所选择的图形将以 Y 轴为镜像轴。

● "参考点"按钮▦：单击相应的角点，所选择的图形将以相应的角点为参考原点进行图形的变换。

● "随机"复选框：选中此复选框，可以使选择的图形进行随机镜像，并且每次产生的镜像效果都会不同。

● "预览"复选框：选中此复选框，可以在图形编辑窗口中预览变换后的图形效果。

● "复制"按钮：完成参数值的设置后，单击此按钮，可以将选择的图形进行复制并变换。

步骤 3　单击"复制"按钮，所选择的图形即可按照设置的参数进行复制并变换，效果如图 6-27 所示。

步骤 4　选中复制的图形，单击"对象"｜"变换"｜"分别变换"命令，在"缩放"选项区中设置"水平"为 85%、"垂直"为 85%，在"移动"选项区中设置"水平"为-2mm、"垂直"为 0mm，在"旋转"选项区中设置"角度"为 20°，单击"复制"按钮，即可复制并变换图形，最终效果如图 6-28 所示。

图 6-27　复制并变换图形

图 6-28　图形效果

技能 111　使用"变换"面板变换图形

素材：光盘/素材/第 6 章/木盒子.ai	效果：光盘/效果/第 6 章/技能 111 使用"变换"面板变换图形.ai
难度：★★★☆☆	技能核心："变换"面板
视频：光盘/视频/第 6 章/技能 111 使用"变换"面板变换图形.avi	时长：1 分 19 秒

↗ 实战演练

步骤 1　单击"文件"｜"打开"命令，打开一幅素材图形（如图 6-29 所示），选中需要变换的图形。

步骤 2　单击"窗口"｜"变换"命令，调出"变换"浮动面板，单击"旋转"△右侧的下拉按钮，在弹出的下拉列表中选择-45°，如图 6-30 所示。

图 6-29　素材图形

图 6-30　设置参数

步骤 3　执行上述操作的同时，图形的旋转角度也将随之改变，效果如图 6-31 所示。

步骤 4　在"变换"浮动面板中设置 X 为 180mm、Y 为 100mm、"宽"为 100mm、"高"为 100mm，如图 6-32 所示。

图 6-31　旋转图形

图 6-32　设置参数

步骤 5　执行上述操作的同时，图形的位置和大小也将随之改变，最终效果如图 6-33 所示。

图 6-33　图形的效果

技巧点拨

　　使用"变换"浮动面板可以对选择的图形进行移动、缩放、旋转和倾斜操作，其中 ☐（旋转）和 ☐（倾斜）数值框较为特殊，当用户输入数值后，所选择的图形将随之变换，但该数值框中的数值立即恢复为 0，若要恢复图形的变换操作，则输入与之前输入的数值相反的数值，或按【Ctrl+Z】组合键即可还原图形。

6.2 改变图形形状

技能 112 | 使用变形工具使图形变形

素材：光盘/素材/第6章/沙发.ai	效果：光盘/效果/第6章/技能112 使用变形工具使图形变形.ai
难度：★★★★☆	技能核心：变形工具

视频：光盘/视频/第6章/技能112 使用变形工具使图形变形.avi	时长：51秒

实战演练

步骤 1 单击"文件"｜"打开"命令，打开一幅素材图形，如图6-34所示。

步骤 2 将鼠标指针移至"变形工具"图标 上，双击鼠标左键，弹出"变形工具选项"对话框，设置"宽度"为25mm、"高度"为25mm、"角度"为0°、"强度"50%，选中"细节"和"简化"复选框，并分别在其右侧的数值框中输入3、40，如图6-35所示。

图6-34 素材图形

步骤 3 单击"确定"按钮，将鼠标指针移至图形编辑窗口中需要变形的图形附近，如图6-36所示。

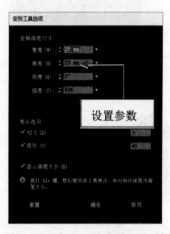

图6-35 "变形工具选项"对话框

图6-36 定位鼠标指针

技巧点拨

该对话框中的主要选项的含义如下：

- "宽度"和"高度"选项：主要用来设置变形工具的画笔大小。
- "角度"选项：主要用来设置变形工具的画笔角度。
- "强度"选项：主要用来设置变形工具在使用时的画笔强度，数值越大，图形变形的速度就越快。

● "细节"复选框：主要用来设置图形轮廓上各锚点之间的距离。选中此复选框后，用户可以通过直接拖曳滑块或输入数值，设置相应参数，数值越大，点的间距越小。

● "简化"复选框：主要用来设置减少图形中多余点的数量，且不影响图形的整体外观。

● "显示画笔大小"复选框：选中此复选框，在图形编辑窗口中使用画笔时，将会显示画笔的大小。

步骤 4 单击鼠标左键并轻轻地向图形内部进行拖曳，即可使图形变形，效果如图 6-37 所示。

步骤 5 用与上述相同的方法，将其他图形进行变形，效果如图 6-38 所示。

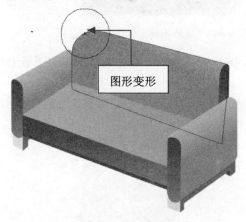

图 6-37　图形变形

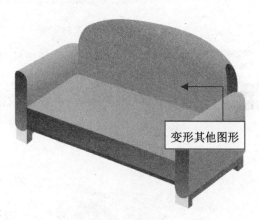

图 6-38　图形效果

技能 113　使用旋转扭曲工具使图形变形

素材：光盘/素材/第 6 章/棒棒糖.ai	
效果：光盘/效果/第 6 章/技能 113 使用旋转 　　扭曲工具使图形变形.ai	
难度：★★★★☆	
技能核心：旋转扭曲工具	
视频：光盘/视频/第 6 章/技能 113 使用旋转 　　扭曲工具使图形变形.avi	
时长：1 分 33 秒	

实战演练

步骤 1 单击"文件"|"打开"命令，打开一幅素材图形，如图 6-39 所示。

步骤 2 将鼠标指针移至"旋转扭曲工具"图标 上，双击鼠标左键，弹出"旋转扭曲工具选项"对话框，设置"宽度"为 74mm、"高度"为 74mm、"角度"为 0°，"强度" 60%、"旋转扭曲速率"为 50°、"细节"为 6、"简化"为 50，如图 6-40 所示。

设置相应的参数

素材图形

图 6-39　素材图形　　　　　图 6-40　"旋转扭曲工具选项"对话框

步骤 3　单击"确定"按钮，将鼠标指针移至图形编辑窗口中需要进行旋转扭曲的图形上，如图 6-41 所示。

步骤 4　按住鼠标左键并拖曳，即可按照设置的参数值对图形进行旋转扭曲，效果如图 6-42 所示。

定位鼠标指针

旋转扭曲

图 6-41　定位鼠标指针　　　　　　图 6-42　旋转扭曲

步骤 5　将图形旋转扭曲至合适程度后，释放鼠标即可，效果如图 6-43 所示。

步骤 6　用与上述相同的方法，对图像中的其他图形进行旋转扭曲的操作，如图 6-44 所示。

旋转扭曲图形

旋转扭曲其他图形

图 6-43　图形效果　　　　　　图 6-44　旋转扭曲其他图形

技巧点拨

　　使用旋转扭曲工具时，用户可以根据自身的需要在"旋转扭曲工具选项"对话框中进行相应的参数设置，以制作出不同视觉效果的图像。另外，若在"角度"数值框中输入负值，则图形的旋转扭曲方向为顺时针；若为正值，则图形的旋转扭曲方向为逆时针。设置"旋转扭曲速率"时，数值越大，图形旋转扭曲的速度就越快。

技能 114 　使用收缩工具使图形变形

素材：无	
效果：光盘/效果/第 6 章/技能 114 使用收缩 　　　工具使图形变形.ai	
难度：★★★★☆	
技能核心：缩拢工具	
视频：光盘/视频/第 6 章/技能 114 使用收缩 　　　工具使图形变形.avi	
时长：2 分 6 秒	

实战演练

步骤 1 　按【Ctrl+N】组合键新建一个文档，选取工具箱中的星形工具☆，在工具属性栏上设置填充色为红色（CMYK 的参数值分别为 0、100、100、0）、描边为"黑色"，在图形编辑窗口中单击鼠标左键，弹出"星形"对话框，设置"半径 1"为 80mm、"半径 2"为 40mm、"角点数"为 5，如图 6-45 所示。

步骤 2 　单击"确定"按钮，即可创建一个指定大小的星形图形，如图 6-46 所示。

图 6-45 　"星形"对话框　　　　　　　　　图 6-46 　星形图形

步骤 3 　将鼠标指针移至"缩拢工具"图标上，双击鼠标左键，弹出"收缩工具选项"对话框，设置"宽度"为 85mm、"高度"为 85mm、"角度"为 0°、"强度"20%、"细节"为 1、"简化"为 10，如图 6-47 所示。

步骤 4 　单击"确定"按钮，将鼠标指针移至图形的正中央，单击鼠标左键，此时在图形编辑窗口中以蓝色线框显示图形收缩的预览效果，如图 6-48 所示。

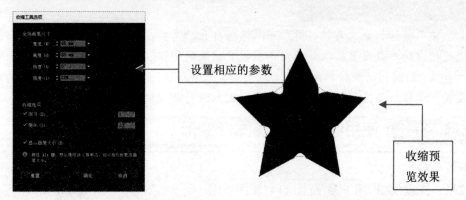

图 6-47 "收缩工具选项"对话框　　　　　图 6-48 收缩预览效果

步骤 5 多次单击后将图形收缩至合适程度后，释放鼠标，即可查看图形收缩后的效果，如图 6-49 所示。

图 6-49 图形效果

 技巧点拨

　　缩拢工具可以对图形进行挤压变形操作，在"收缩工具选项"对话框中进行参数值的设置时，用户一定要根据所要编辑的图形的实际情况进行设置。如设置"宽度"和"高度"的参数值。在设置了画笔的大小后，将鼠标指针移至图形中央时，若所需编辑图形颜色和形状较为单一，且画笔笔触无法触及该图形的路径或锚点，单击鼠标左键，图形将无任何变化。因此，在对图形进行收缩变形时，图像的路径或锚点一定要在画笔笔触的范围之内，否则无法对图形进行收缩操作。

技能 115 使用膨胀工具使图形变形

素材：光盘/素材/第 6 章/洒水壶.ai	
效果：光盘/效果/第 6 章/技能 115 使用膨胀工具使图形变形.ai	
难度：★★★★★	
技能核心：膨胀工具	
视频：光盘/视频/第 6 章/技能 115 使用膨胀工具使图形变形.avi	
时长：1 分 19 秒	

步骤 1 单击"文件"｜"打开"命令，打开一幅素材图形，如图6-50所示。

步骤 2 将鼠标指针移至"膨胀工具"图标 上，双击鼠标左键，弹出"膨胀工具选项"对话框，设置"宽度"为25mm、"高度"为32mm、"角度"为0°、"强度"为20%、"细节"为2、"简化"为10，如图6-51所示。

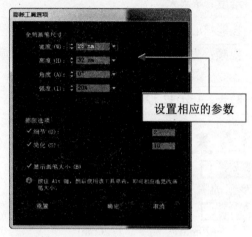

设置相应的参数

图6-50　素材图形　　　　　　　图6-51　"膨胀工具选项"对话框

技巧点拨

膨胀工具的作用主要是以画笔的大小对图形进行向外扩展，即以鼠标单击点为中心向画笔笔触的外缘进行扩展变形。若画笔位置处于图形的边缘，则该图形的边缘将向画笔的外缘进行膨胀，但观察到的图形形状则是向图形的内部进行收缩变形的。

步骤 3 单击"确定"按钮，画笔形状将根据设置的参数值以椭圆形显示，将鼠标指针移至需要进行膨胀的图形上，如图6-52所示。

步骤 4 单击鼠标左键，即可使洒水壶的壶嘴膨胀变形，并呈现一种弧面效果，如图6-53所示。

膨胀变形效果

图6-52　定位鼠标指针　　　　　　图6-53　弧面效果

技能 116　使用扇贝工具使图形变形

素材：光盘/素材/第 6 章/幸福抱枕.ai	
效果：光盘/效果/第 6 章/技能 116 使用扇贝工具使图形变形.ai	
难度：★★★★★	
技能核心：扇贝工具	
视频：光盘/视频/第 6 章/技能 116 使用扇贝工具使图形变形.avi	
时长：1 分 32 秒	

↗ 实战演练

步骤 1　单击"文件"｜"打开"命令，打开一幅素材图形（如图 6-54 所示），选中需要变形的图形。

步骤 2　在"扇贝工具"图标 上双击鼠标左键，弹出"扇贝工具选项"对话框，设置"宽度"为 20mm、"高度"为 20mm、"角度"为 0°、"强度"40%、"复杂性"为 3、"细节"为 1，选中"画笔影响内切线手柄"和"画笔影响外切线手柄"复选框，如图 6-55 所示。

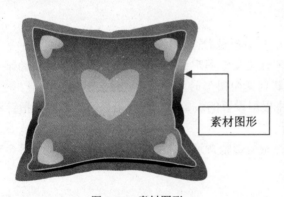

素材图形

图 6-54　素材图形

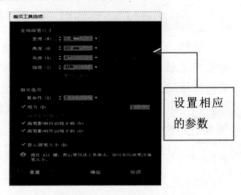

设置相应的参数

图 6-55　"扇贝工具选项"对话框

步骤 3　单击"确定"按钮，将鼠标指针移至所选图形的路径外侧，单击鼠标左键，即可显示图形变形的预览效果，如图 6-56 所示。

步骤 4　沿着图形外侧拖曳鼠标，即可使图形外缘进行扇贝变形，变形完成后，使用直接选择工具对图形路径和锚点进行适当地调整，效果如图 6-57 所示。

🎯 技巧点拨

通过在"扇贝工具选项"对话框中设置不同的选项，可以使图形边缘产生许多不同样式的锯齿或细小的皱褶状曲线效果。

另外，在使用变形工具的操作过程中，若选择了某一个图形，则该工具只会针对这个图形进行变形；若没有选中图形，则图形编辑窗口中可以被画笔触及的图形都会产生变形。

预览效果

图 6-56　预览效果

扇贝变形效果

图 6-57　图形效果

技能 117　使用晶格化工具使图形变形

素材：光盘/素材/第 6 章/树叶 3.ai	效果：光盘/效果/第 6 章/技能 117 使用晶格化工具使图形变形.ai
难度：★★★★☆	技能核心：晶格化工具
视频：光盘/视频/第 6 章/技能 117 使用晶格化工具使图形变形.avi	时长：1 分 26 秒

实战演练

步骤　1　单击"文件"｜"打开"命令，打开一幅素材图形（如图 6-58 所示），选中需要变形的图形。

步骤　2　在"晶格化工具"图标 上双击鼠标左键，弹出"晶格化工具选项"对话框，设置"宽度"为 20mm、"高度"为 20mm、"角度"为 0°、"强度"为 20%、"复杂性"为 4、"细节"为 2，选中"画笔影响锚点"复选框，如图 6-59 所示。

素材图形

图 6-58　素材图形

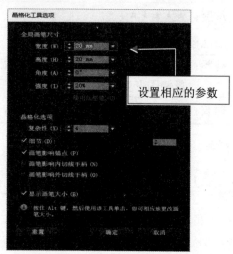

设置相应的参数

图 6-59　"晶格化工具选项"对话框

步骤 3 单击"确定"按钮，将鼠标指针移至所选图形的内部，即画笔的中心点在图形内部，如图 6-60 所示。

步骤 4 单击鼠标左键，并沿着图形走向拖曳鼠标，即可使该图形变形，效果如图 6-61 所示。

步骤 5 用与上述相同的方法，为其他图形进行晶格化变形，效果如图 6-62 所示。

图 6-60 定位鼠标指针　　　　　图 6-61 变形图形　　　　　图 6-62 图形效果

 技巧点拨

晶格化工具可以使图形的局部产生碎片、尖角和凸起的变形效果，并且图形的变形是从画笔的中心点向外扩展。因此，用户在使用晶格化工具时，需根据图形的大小和形状来设置晶格化工具的参数，并正确地放置画笔位置和移动鼠标指针，才能使图形有一个良好的变形效果。

技能 118 使用皱褶工具使图形变形

素材：光盘/素材/第 6 章/西瓜.ai	
效果：光盘/效果/第 6 章/技能 118 使用皱褶工具使图形变形.ai	
难度：★★★★★	
技能核心：皱褶工具	
视频：光盘/视频/第 6 章/技能 118 使用皱褶工具使图形变形.avi	
时长：1 分 56 秒	

↗ 实战演练

步骤 1 单击"文件"｜"打开"命令，打开一幅素材图形，如图 6-63 所示。

步骤 2 将鼠标指针移至"皱褶工具"图标上，双击鼠标左键，弹出"皱褶工具选项"对话框，设置"宽度"为 50mm、"高度"为 50mm、"角度"为 0°、"强度"为 50%、"水平"为 40%、"垂直"为 80%、"复杂性"为 4、"细节"为 1，分别选中"画笔影响内切线手柄"和"画笔影响外切线手柄"复选框，如图 6-64 所示，设置参数不同，效果不同。

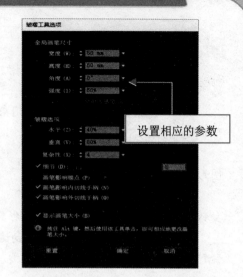

设置相应的参数

图 6-63　素材图形　　　　　　　　　图 6-64　"皱褶工具选项"对话框

步骤 3　单击"确定"按钮，将鼠标指针移至需要变形的图形上，按住鼠标左键，图形编辑窗口中即可显示图形边缘抖动的预览效果，如图 6-65 所示。

步骤 4　沿着图形的形状拖曳鼠标，至满意效果后释放鼠标即可，皱褶变形效果如图 6-66 所示。

预览效果

皱褶变形图形

图 6-65　预览效果　　　　　　　　　　图 6-66　皱褶变形图形

步骤 5　用与上述相同的方法，对图形编辑窗口中的其他图形进行皱褶变形，效果如图 6-67 所示。

步骤 6　使用直接选择工具对经过皱褶变形操作的图形进行适当地修饰，最终效果如图 6-68 所示。

皱褶变形其他图形

最终图形效果

图 6-67　皱褶变形其他图形　　　　　　　图 6-68　图形效果

技巧点拨

在扇贝工具、晶格化工具和皱褶工具的对话框中，除了一些常用的设置选项外，还增添了一些选项，这些选项的主要含义如下：

● "复杂性"数值框：主要用来设置图形变形的复杂程度，数值越大，图形的变形程度越明显，若输入的数值为0，则图形将无任何变化。

● "画笔影响锚点"复选框：选中此复选框，在使用变形工具时，画笔只会针对图形的锚点并使之变形。

● "画笔影响内切线手柄"复选框：选中此复选框，在使用变形工具时，画笔只会针对锚点的内切线手柄并使之变形。

● "画笔影响外切线手柄"复选框：选中此复选框，在使用变形工具时，画笔只会针对锚点的外切线手柄并使之变形。

6.3 封套扭曲变形

技能 119 使用"用变形建立"命令使图形变形

素材：光盘/素材/第 6 章/手套.ai	效果：光盘/效果/第 6 章/技能 119 使用"用变形建立"命令使图形变形.ai
难度：★★★☆☆	技能核心："用变形建立"命令
视频：光盘/视频/第 6 章/技能 119 使用"用变形建立"命令使图形变形.avi	时长：1 分 16 秒

↗ 实战演练

步骤 1 单击"文件"｜"打开"命令，打开一幅素材图形，选中需要变形的图形，如图 6-69 所示。

步骤 2 单击"对象"｜"封套扭曲"｜"用变形建立"命令，弹出"变形选项"对话框，单击"样式"右侧的下拉按钮，在弹出的下拉列表中选择"上弧形"选项，选中"水平"单选按钮，设置"弯曲"为50%、"水平"为0%、"垂直"为0%，如图 6-70 所示。

图 6-69 素材图形

图 6-70 "变形选项"对话框

步骤 **3** 单击"确定"按钮，即可使选中的图形按照所设置的参数进行变形，效果如图6-71 所示。

步骤 **4** 用与上述相同的方法，对图形编辑窗口中的其他图形进行变形操作，效果如图6-72 所示。

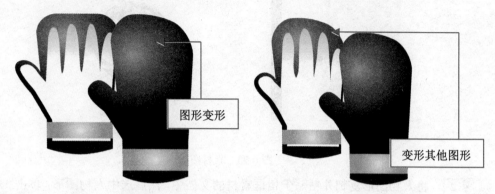

图 6-71　图形变形　　　　　　　　　　　图 6-72　图形效果

 技巧点拨

该对话框中的主要选项的含义如下：

● "样式"下拉列表框：主要用于设置图形变形的样式，单击其右侧的下拉按钮，在弹出的下拉列表中提供了 15 种封套扭曲的样式，用户可通过选择不同的样式对图形制作出不同的封套扭曲效果。

● "水平"和"垂直"单选按钮：若选中"水平"单选按钮，则图形的变形作用于水平方向上；若选中"垂直"单选按钮，则图形的变形将作用于垂直方向上。

● "弯曲"数值框：主要用于设置所选图形的弯曲程度，若在其右侧的数值框中输入正值，则选择的图形将向上或向左弯曲变形；若输入负值，则选择的图形将向下或向右弯曲变形。

● "扭曲"选项区：主要用于设置选择的图形在变形的同时是否进行扭曲操作，如果在其右侧的数值框中输入不同的数值，扭曲的程度和方向也将有所不同。若设置"水平"参数，则图形的变形将偏向于水平方向；若设置"垂直"参数，则图形的变形将偏向于垂直方向。

技能 120　使用"用网格建立"命令使图形变形

素材：光盘/素材/第 6 章/相框.ai、女孩.ai	
效果：光盘/效果/第 6 章/技能 120 使用"用网格建立"命令使图形变形.ai	
难度：★★★★★	
技能核心："用网格建立"命令	
视频：光盘/视频/第 6 章/技能 120 使用"用网格建立"命令使图形变形.avi	
时长：2 分 26 秒	

实战演练

步骤 1　单击"文件"|"打开"命令，打开两幅素材图形，如图 6-73 所示。

相框素材

人物素材

图 6-73　素材图形

步骤 2　将人物图形复制并粘贴于相框素材的文档中，然后选中人物图形；单击"对象"|"封套扭曲"|"用网格建立"命令，弹出"封套网格"对话框，设置"行数"为 2、"列数"为 2，如图 6-74 所示。

步骤 3　单击"确定"按钮，即可对人物图形建立封套网格，然后使用选择工具调整人物图形的位置和大小，如图 6-75 所示。

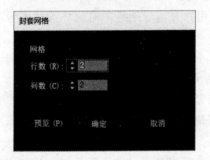

图 6-74　"封套网格"对话框

图 6-75　调整图形

步骤 4　选取工具箱中的直接选择工具，将鼠标指针移至封套网格的锚点上，单击鼠标左键并拖曳，即可调整网格点的位置和网格的形状，如图 6-76 所示。

步骤 5　用与上述相同的方法，对封套网格的其他锚点进行调整，人物图形也随之进行变形，效果如图 6-77 所示。

图 6-76　调整锚点

图 6-77　图形效果

技巧点拨

　　使用"用网格建立"命令可以为选择的图形创建一个矩形网格状的封套，在对话框中设置不同的参数，所创建的网格也将有所不同，网格上自带着节点和方向线，通过改变节点和方向线可以改变网格的形状，封套中的图形也随之改变。该对话框中，"行数"数值框主要用来设置建立网格的行数；"列数"数值框主要用来设置建立网格的列数。

技能 121　使用"用顶层对象建立"命令使图形变形

素材：光盘/素材/第 6 章/标识.ai	
效果：光盘/效果/第 6 章/技能 121 使用"用顶层对象建立"命令使图形变形.ai	
难度：★★★★★	
技能核心："用顶层对象建立"命令	
视频：光盘/视频/第 6 章/技能 121 使用"用顶层对象建立"命令使图形变形.avi	
时长：1 分 25 秒	

↗ **实战演练**

步骤 **1**　单击"文件"｜"打开"命令，打开一幅素材图形，如图 6-78 所示。

步骤 **2**　选取工具箱中的圆角矩形工具，在工具属性栏上设置填充色为"无"、描边为"黑色"；在图形编辑窗口中单击鼠标左键，弹出"圆角矩形"对话框，设置"宽度"为 150mm、"高度"为 200mm、"圆角半径"为 10mm，如图 6-79 所示。

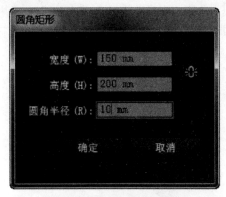

图 6-78　素材图形　　　　　　　　　　　　图 6-79　"圆形矩形"对话框

步骤 **3**　单击"确定"按钮，即可绘制一个指定大小的圆角矩形框，调整矩形框位置（如图 6-80 所示），按【Ctrl+A】组合键，将图形窗口中的所有图形全部选中。

步骤 **4**　单击"对象"｜"封套扭曲"｜"用顶层对象建立"命令，即可使用圆角矩形框建立标识的封套效果，如图 6-81 所示。

绘制圆角
矩形框

图 6-80 绘制圆角矩形框

封套效果

图 6-81 封套效果

 技巧点拨

当使用"用顶层对象建立"命令对图形进行封套时，所选择的图形数量应在两个或两个以上，否则无法建立封套效果。

技能○122	编辑封套扭曲

素材：光盘/素材/第 6 章/柠檬香槟.ai	效果：光盘/效果/第 6 章/技能 122 编辑封套扭曲.ai
难度：★★★★☆	技能核心："编辑封套"按钮
视频：光盘/视频/第 6 章//技能 122 编辑封套扭曲.avi	时长：1 分 51 秒

↗ 实战演练

步骤 1 单击"文件"｜"打开"命令，打开一幅素材图形，选中需要建立封套的图形，如图 6-82 所示。

步骤 2 单击"对象"｜"封套扭曲"｜"用顶层对象建立"命令，即可使用顶层的图形对位于其下方的图形进行封套，如图 6-83 所示。

选中图形

图 6-82 选中图形

建立封套图形

图 6-83 建立封套图形

选中封套的图形，在工具属性栏上单击"编辑封套"按钮，系统将自动选中封套图形，使用直接选择工具在需要编辑的锚点上单击鼠标左键，使锚点处于可编辑状态，拖曳鼠标，即可改变锚点的位置以及封套图形的形状，如图 6-84 所示。

步骤 4 用与上述相同的方法，对封套图形上的其他锚点进行调整，效果如图 6-85 所示。

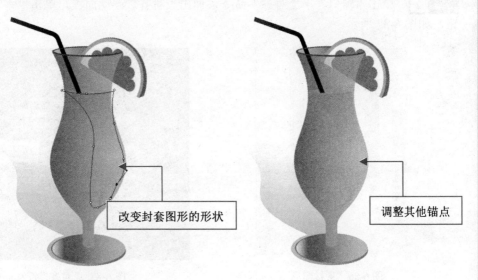

改变封套图形的形状

调整其他锚点

图 6-84 改变封套图形的形状　　　　　　图 6-85 图形效果

技巧点拨

　　编辑封套扭曲除了可以编辑封套图形外，还可以编辑内容，即被封套的图形。在工具属性栏上单击"编辑内容"按钮，或者单击"对象"｜"封套扭曲"｜"编辑内容"命令，系统将自动选中编辑内容，此时，用户可以通过工具属性栏对该内容的填色、描边等选项进行相应的设置。

6.4　对齐与分布对象

技能 123　对齐对象

素材：光盘/素材/第 6 章/铅笔 2.ai	
效果：光盘/效果/第 6 章/技能 123 对齐 　　　对象.ai	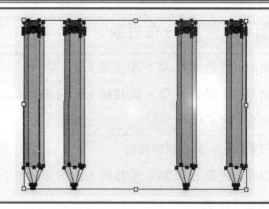
难度：★★★★★	
技能核心：对齐对象按钮	
视频：光盘/视频/第 6 章/技能 123 对齐 　　　图形.avi	
时长：41 秒	

实战演练

步骤 1　单击"文件"｜"打开"命令，打开一幅素材图形，选中图形编辑窗口中的所有图形，如图 6-86 所示。

步骤 2　单击"窗口"｜"对齐"命令，调出"对齐"浮动面板，单击"垂直顶对齐"按钮，如图 6-87 所示。

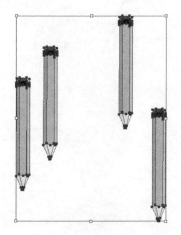

图 6-86　素材图形　　　　　　　　　　　　图 6-87　"对齐"浮动面板

步骤 3　执行操作的同时，所选择的图形位置也随之进行改变，效果如图 6-88 所示。

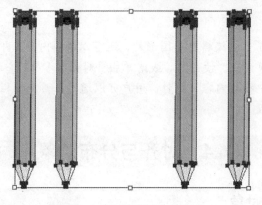

图 6-88　水平居中对齐图形

技能 124　分布对象

素材：光盘/素材/第 6 章/铅笔 3.ai	
效果：光盘/效果/第 6 章/技能 124 分布对象.ai	
难度：★★★☆☆	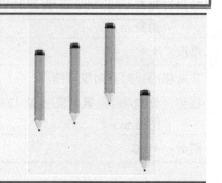
技能核心：分布对象按钮	
视频：光盘/视频/第 6 章/技能 124 分布对象.avi	
时长：28 秒	

步骤 **1** 单击"文件"|"打开"命令，打开一幅素材图形（如图6-89所示），使用选择工具选中图形编辑窗口中的所有图形。

步骤 **2** 调出"对齐"浮动面板，单击"水平居中分布"按钮 如图6-90所示。

单击相应的按钮

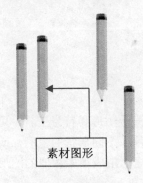

素材图形

图6-89 素材图形

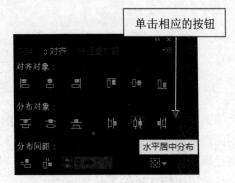

水平居中分布

图6-90 "对齐"浮动面板

步骤 **3** 执行操作的同时，所选择的图形位置也将随之进行改变，效果如图6-91所示。

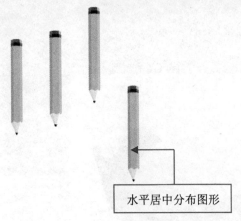

水平居中分布图形

图6-91 水平居中分布图形

技巧点拨

用户在使用"对齐"面板对图形进行对齐操作之前，一定要设置好"对齐"选项。单击"对齐"按钮，在弹出的下拉列表中选择需要的对齐方式，其中包括"对齐所选对象"、"对齐关键对象"和"对齐画板"3个选项。

应用画笔与符号

7

功能强大的 Illustrator CC 提供了多样的画笔笔触、符号图形和符号工具，可以为绘制的图形增添各种艺术效果。画笔工具可以模拟出各种不同形状的笔刷，或者指定路径周围均匀分布的图案；符号工具可以方便、快捷地生成很多相似的图形实例，也是应用比较广泛的工具之一。

本章主要介绍新建画笔、使用画笔库、设置符号、使用符号库和应用符号工具的技巧。

7.1 新建画笔

技能 125 创建书法画笔

素材：光盘/素材/第 7 章/汉堡薯条.ai	效果：光盘/效果/第 7 章/技能 125 创建书法画笔.ai
难度：★★★★★	技能核心："书法画笔选项"对话框
视频：光盘/视频/第 7 章/技能 125 创建书法画笔.mp4	时长：1 分 23 秒

实战演练

步骤 1 　单击"文件"｜"打开"命令，打开一幅素材图形，如图 7-1 所示。

步骤 2 　单击"窗口"｜"画笔"命令，调出"画笔"浮动面板，将鼠标指针移至面板底部的"新建画笔"按钮 上，如图 7-2 所示。

图 7-1　素材图形

素材图形

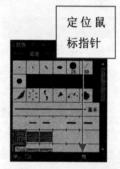

定位鼠标指针

图 7-2　定位鼠标指针

步骤 3 　单击鼠标左键，弹出"新建画笔"对话框，选中"书法画笔"单选按钮，如图 7-3 所示。

步骤 4 　单击"确定"按钮，弹出"书法画笔选项"对话框，设置"名称"为"书法画笔 1"、"角度"为 60°、"圆度"为 60%、"直径"为 10pt，在"画笔形状编辑器"中可以预览设置的书法画笔笔触样式，如图 7-4 所示。

选中该单选按钮

图 7-3　"新建画笔"对话框

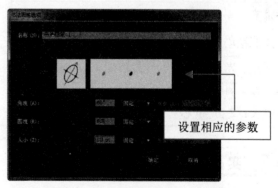

设置相应的参数

图 7-4　"书法画笔选项"对话框

步骤 5   单击"确定"按钮，即可将所创建的"书法画笔1"添加至"画笔"浮动面板中，将鼠标指针移至"书法画笔1"图标上（如图7-5所示），单击鼠标左键即可选中该画笔。

步骤 6   选取工具箱中的画笔工具 ✐，在工具属性栏上设置"填充色"为"无"、"描边"为白色、"描边粗细"为1pt，将鼠标指针移至图形编辑窗口中的合适位置，单击鼠标左键，即可将该画笔笔触应用于图形编辑窗口中，根据图形的需要应用画笔笔触，最终效果如图7-6所示。

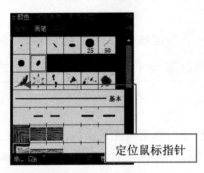

定位鼠标指针

图7-5   定位鼠标指针

应用画笔笔触后的效果

图7-6   图形效果

 技巧点拨

    在"书法画笔选项"对话框中，设置"角度"数值可以决定画笔笔触的偏向角度，若在数值框中输入正值，则画笔笔触将进行逆时针旋转；若输入负值，则画笔笔触进行顺时针旋转。

    设置"圆度"数值可以决定画笔笔触的圆度，在数值框中输入的数值越大，画笔笔触就越趋向于圆形，其输入范围为0%～100%。

    设置"直径"数值可以决定画笔笔触的宽度，在数值框中输入的数值越大，画笔笔触就越大；反之，则画笔笔触越小，其输入范围为0～1296pt。

技能 126   创建散点画笔

素材：光盘/素材/第7章/扇子.ai	
效果：光盘/效果/第7章/技能126 创建散点画笔.ai	
难度：★★★★★	
技能核心："散点画笔选项"对话框	
视频：光盘/视频/第7章/技能126 创建散点画笔.mp4	
时长：2分46秒	

↗ **实战演练**

步骤 1   单击"文件"｜"打开"命令，打开一幅素材图形，选中需要创建散点画笔的图形，如图7-7所示。

步骤 2 单击"画笔"浮动面板右上角的 ■ 按钮，在弹出的面板菜单中选择"显示散点画笔"选项，即可在"画笔"面板中显示系统自带的散点画笔样式，如图7-8所示。

选中图形

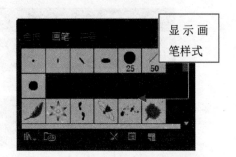

显示画笔样式

图7-7 选中图形

图7-8 "画笔"浮动面板

步骤 3 单击"新建画笔"按钮 ■ ，在弹出的"新建画笔"对话框中，选中"散点画笔"单选按钮，如图7-9所示。

步骤 4 单击"确定"按钮，弹出"散点画笔选项"对话框，设置"名称"为"花朵"、"大小"为50%、"间距"为50%、"分布"为0%、"旋转"为0°、"旋转相对于"为"路径"，单击"方法"下拉列表框右侧的下拉按钮，在弹出的下拉列表中选择"淡色和暗色"选项，单击"主色"右侧的吸管图标 ，将鼠标指针移至预览框中的橙色圆点上，单击鼠标左键吸取颜色，此时吸管图标右侧的颜色块中即可显示所吸取的颜色，如图7-10所示。

选中该单选按钮

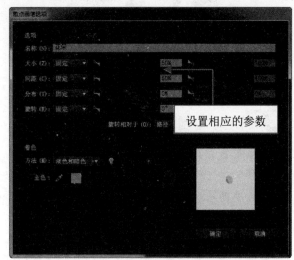

设置相应的参数

图7-9 "新建画笔"对话框

图7-10 "散点画笔选项"对话框

步骤 5 单击"确定"按钮，即可将所创建的散点画笔添加至"画笔"浮动面板中，如图7-11所示。

步骤 6 选取工具箱中的画笔工具 ，将鼠标指针移至图形编辑窗口中的合适位置，单击鼠标左键并拖曳，绘制一条路径，如图 7-12 所示。

步骤 7 释放鼠标，所创建的散点画笔即可沿着绘制出的路径进行分布，效果如图 7-13 所示。

步骤 8 在工具属性栏上设置"描边粗细"为 3pt，在图形编辑窗口中的合适位置单击鼠标左键，即可为图形添加一个指定大小的画笔图形，最终效果如图 7-14 所示。

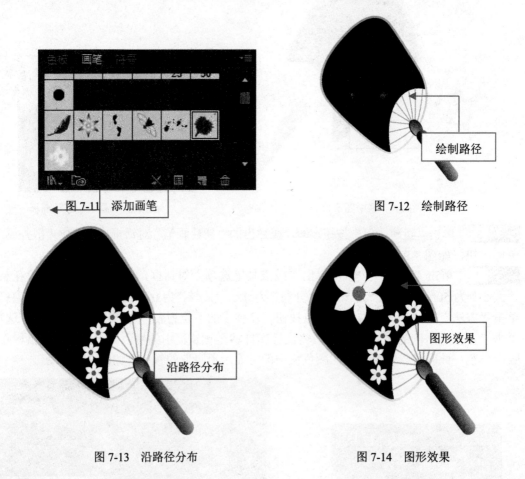

图 7-11 添加画笔

图 7-12 绘制路径

图 7-13 沿路径分布

图 7-14 图形效果

技巧点拨

应用散点画笔可以将一个图形复制若干次，并沿着画笔路径分布。在设置"散点画笔选项"对话框时，通过设置"间距"选项可以控制散点画笔之间的距离；若设置"分布"选项则可以控制决定分散图形与路径的间隔距离；若设置"旋转"选项则可以控制散点画笔在路径上分散时的旋转角度。

另外，设置"着色"选项区可以对散点画笔的显示起点缀作用，它决定了散点画笔的着色方法，若在其右侧的下拉列表框中选择"无"选项，则对原图形的颜色无任何改变；若选择"色调"选项，则可以使散点画笔进行着色后对分散的图形重新设置颜色；若选择"淡色和暗色"选项，则可以不同的浓淡画笔颜色和阴影显示画笔；若选择"色相转换"选项，则可以使散点画笔着色后的颜色随着背景颜色的改变而改变。

技能 127　创建图案画笔

素材：光盘/素材/第 7 章/广告牌.ai	
效果：光盘/效果/第 7 章/技能 127 创建图案画笔.ai	
难度：★★★★★	
技能核心："图案画笔选项"对话框	
视频：光盘/视频/第 7 章/技能 127 创建图案画笔.mp4	
时长：2 分 41 秒	

实战演练

步骤 1　单击"文件"｜"打开"命令，打开一幅素材图形，如图 7-15 所示。

步骤 2　单击"画笔"浮动面板右上角的 ▤ 按钮，在弹出的面板菜单中选择"显示图案画笔"选项，即可显示系统自带的图案画笔样式，如图 7-16 所示。

素材图形

图 7-15　素材图形

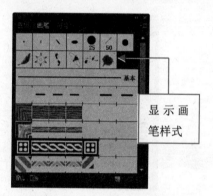

显示画笔样式

图 7-16　"画笔"浮动面板

步骤 3　单击面板底部的"新建画笔"按钮 ，在弹出的"新建画笔"对话框中，选中"图案画笔"单选按钮，如图 7-17 所示。

步骤 4　单击"确定"按钮，弹出"图案画笔选项"对话框，设置"名称"为"图案画笔 1"、"缩放"为 50%、"间距"为 5%，设置"边线拼贴""外角拼贴""内角拼贴""起点拼贴""终点拼贴"均为 Jungle Stripes，选中"添加间距以适合"单选按钮，设置"方法"为"无"，并单击"主色"右侧的吸管图标 ✐，将鼠标指针移至"终点拼贴"预览框中的绿色色块上，单击鼠标左键吸取该颜色，此时吸管右侧的颜色块中即可显示所吸取的颜色，如图 7-18 所示。

技巧点拨

　　图案画笔可以沿着所选择的图形路径，或者使用画笔绘制的路径进行连续图案的填充，并产生特殊的路径效果。在"图案画笔选项"对话框中，通过设置"边线拼贴"决定画笔笔触边缘的图案；通过设置"外角拼贴"选项决定画笔笔触外角的图案；通过设置"内角拼贴"决定画笔笔触内角的图案；通过设置"起点拼贴"选项决定画笔笔触起点的图案；设置"终点拼贴"决定画笔笔触终点的图案。

选中该单选按钮

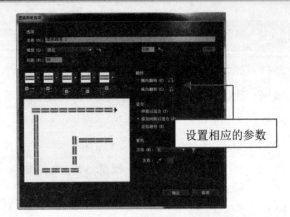

设置相应的参数

图7-17 "新建画笔"对话框　　　　　　　　图7-18 "图案画笔选项"对话框

步骤 5　单击"确定"按钮，即可将创建的图案画笔添加至"画笔"浮动面板中，如图7-19所示。

步骤 6　使用选择工具选中需要绘制图案画笔的图形，然后在"画笔"浮动面板中单击所创建的图案画笔，此时该图案画笔即可沿着所选图形的路径进行连续填充，效果如图7-20所示。

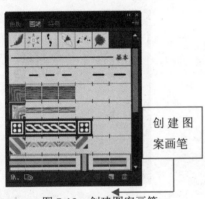

创建图案画笔

沿路径填充图案效果

图7-19 创建图案画笔　　　　　　　　图7-20 沿图形路径填充图案画笔

技巧点拨

在默认情况下，图形路径中所填充的图案画笔大小为1pt，若用户对填充后的效果不满意，则选中图案画笔所填充的图形，然后在工具属性栏上设置描边粗细。也可以单击描边粗细右侧的图案画笔显示框，将弹出下拉列表，在其中用户可以根据需要选择图案画笔。

技能 128　创建艺术画笔

素材：光盘/素材/第 7 章/香蕉.ai	效果：光盘/效果/第 7 章/技能 128 创建艺术画笔.ai
难度：★★★★★	技能核心："艺术画笔选项"对话框
视频：光盘/视频/第 7 章/技能 128 创建艺术画笔.mp4	时长：53 秒

实战演练

步骤 **1** 单击"文件"｜"打开"命令，打开一幅素材图形（如图 7-21 所示），使用选择工具选中需要创建艺术画笔的图形。

步骤 **2** 单击"画笔"浮动面板底部的"新建画笔"按钮 ，在弹出的"新建画笔"对话框中，选中"艺术画笔"单选按钮，单击"确定"按钮，弹出"艺术画笔选项"对话框，设置"名称"为"艺术画笔 1"、"宽度"为 90%，在画笔缩放选项中设置为"按比例缩放"，在"方向"选项中单击"从左向右描边"按钮 ，在"选项"中选中"横向翻转"复选框，设置"方法"为"无"，并用吸管工具在预览窗中吸取需要的颜色，如图 7-22 所示。

素材图形

设置相应的参数

图 7-21 素材图形　　　　　　图 7-22 "艺术画笔选项"对话框

技巧点拨

创建艺术画笔和创建散点画笔的操作相似，都需要先选中创建画笔的图形，而不同的是，在创建艺术画笔时，所选择的图形不能含有渐变色、渐变网格以及散点画笔效果的路径，否则，在"新建画笔"对话框中选中"艺术画笔"单选按钮，单击"确定"按钮后将弹出提示信息框，提示所选图稿包含不能在艺术画笔中使用的元素。

步骤 **3** 单击"确定"按钮，即可将所创建的艺术画笔添加至"画笔"浮动面板中，如图 7-23 所示。

步骤 **4** 选取工具箱中的画笔工具 ，将鼠标指针移至图形编辑窗口中的合适位置，单击鼠标左键并水平从左向右进行拖曳，至合适位置后释放鼠标，所创建的艺术画笔笔触即可沿着路径显示于图形编辑窗口中，如图 7-24 所示。

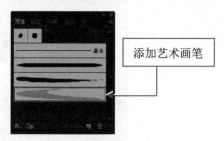

添加艺术画笔

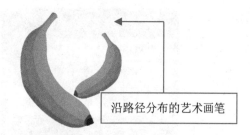

沿路径分布的艺术画笔

图 7-23 添加艺术画笔　　　　　　图 7-24 沿路径分布的艺术画笔

技巧点拨

若用户需要对艺术画笔进行重新设置，可以选中刚应用的艺术画笔图形，单击"画笔"面板下方的"所选对象的选项"按钮 ，将会弹出"描边选项（艺术画笔）"对话框，通过重新设置参数即可得到新的艺术画笔。

7.2 使用画笔库

技能 129 应用"Wacom 6D 画笔"

| 素材：光盘/素材/第 7 章/凉鞋.ai |
| 效果：光盘/效果/第 7 章/技能 129 应用
"Wacom 6D 画笔".ai |
| 难度：★★★★★ |
| 技能核心："6d 艺术钢笔画笔"面板 |
| 视频：光盘/视频/第 7 章/技能 129 应用
"Wacom 6D 画笔".mp4 |
| 时长：1 分 57 秒 |

实战演练

步骤 1　单击"文件"｜"打开"命令，打开一幅素材图形，如图 7-25 所示。

步骤 2　单击"画笔"浮动面板右上角的按钮，在弹出的面板菜单中选择"打开画笔库"｜"Wacom 6D 画笔"｜"6d 艺术钢笔画笔"选项，即可弹出"6d 艺术钢笔画笔"浮动面板，将鼠标指针移至"6d 散点画笔 1"画笔笔触上，单击鼠标左键，如图 7-26 所示。

步骤 3　执行上述操作后，该画笔笔触即可添加至"画笔"浮动面板中，选中所添加的"6d 散点画笔 1"画笔笔触，如图 7-27 所示。

素材图形

图 7-25　素材图形

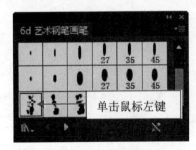

单击鼠标左键

图 7-26　"6d 艺术钢笔画笔"浮动面板

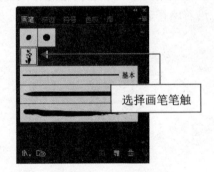

基本

选择画笔笔触

图 7-27　选择画笔笔触

步骤 4　选取工具箱中的画笔工具，在工具属性栏上设置填充色为"无"、描边为白色、"描边粗细"为 2pt、"不透明度"为 90%，将鼠标指针移至图形编辑窗口中的合适位置，单击鼠标左键，即可将该画笔笔触应用于图形编辑窗口中，如图 7-28 所示。

步骤 5　用与上述相同的方法，并根据图像的需要合理地应用画笔笔触，最终效果如图

7-29 所示。

图 7-28   应用画笔笔触   图 7-29   应用画笔笔触

 技巧点拨

Wacom 6D 画笔是 Illustrator CC 中新添加的画笔样式，它归属于散点画笔，当用户选择了相应的画笔笔触后，在"画笔"面板中双击该画笔笔触，将会弹出"散点画笔选项"对话框，用户可以在对话框中进行相应的参数设置。

技能 130   应用"矢量包"画笔

素材：光盘/素材/第 7 章/MUSIC.ai	
效果：光盘/效果/第 7 章/技能 130 应用"矢量包"画笔.ai	
难度：★★★★☆	
技能核心："手绘画笔矢量包"面板	
视频：光盘/视频/第 7 章/技能 130 应用"矢量包"画笔.mp4	
时长：1 分 9 秒	

↗ 实战演练

步骤 1   单击"文件"|"打开"命令，打开一幅素材图形，如图 7-30 所示。

步骤 2   单击"画笔"浮动面板右上角的 按钮，在弹出的面板菜单中选择"打开画笔库"|"矢量包"|"手绘画笔矢量包"选项，即可弹出"手绘画笔矢量包"浮动面板，将鼠标指针移至"手绘画笔矢量包 05"画笔笔触上，单击鼠标左键，如图 7-31 所示。

步骤 3   执行上述操作后，该画笔笔触即可添加至"画笔"浮动面板中，选中所添加的手绘画笔矢量包，如图 7-32 所示。

步骤 4   选取工具箱中的画笔工具 ，在工具属性栏上设置"填充色"为"无"、"描边"为黄色（CMYK 的参数值分别为 0、0、100、0）、"描边粗细"为 2pt，将鼠标指针移至图形编辑窗口中的合适位置，拖曳鼠标绘制一条开放路径，释放鼠标，即可将该画笔笔触应用于图形编辑窗口中，如图 7-33 所示。

图 7-30　素材图形

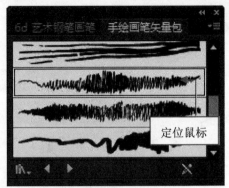

图 7-31　单击鼠标左键

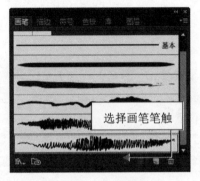

图 7-32　选择画笔笔触

图 7-33　应用画笔笔触

 技巧点拨

　　在"矢量包"子菜单中除了"手绘画笔矢量包"选项外，还有"颓废画笔矢量包"选项，前者倾向于铅笔笔触，而后者则倾向于毛笔笔触，它们都归属于艺术画笔类。因此，在该类型画笔上双击鼠标左键，将弹出"艺术画笔选项"对话框。

技能 131　应用"箭头"画笔

素材：光盘/素材/第 7 章/台灯.ai	效果：光盘/效果/第 7 章/技能 131 应用"箭头"画笔.ai	
难度：★★★★★	技能核心："图案箭头"面板	
视频：光盘/视频/第 7 章/技能 131 应用"箭头"画笔.mp4	时长：2 分 30 秒	

实战演练

步骤 **1**　单击"文件"｜"打开"命令，打开一幅素材图形，选取工具箱中的钢笔工具 ，在台灯图形的合适位置绘制多条开放路径，如图 7-34 所示。

步骤 **2**　单击"画笔"浮动面板右上角的 按钮，在弹出的面板菜单中选择"打开画笔库"｜"箭头"｜"图案箭头"选项，即可弹出"图案箭头"浮动面板，将鼠标指针移至"花形箭头画笔"笔触上，单击鼠标左键，如图 7-35 所示。

图 7-34　绘制开放路径

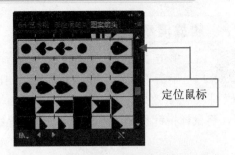

图 7-35　单击鼠标左键

步骤 3　执行上述操作后，该画笔笔触即可添加至"画笔"浮动面板中，如图 7-36 所示。

步骤 4　使用选择工具选中一条开放路径，在"画笔"面板中单击"花形箭头画笔"图标，即可将该画笔笔触应用于开放路径上；在工具属性栏上设置"填色"为"无"、"描边"为白色、"描边粗细"为 4pt，效果如图 7-37 所示。

步骤 5　用与上述相同的方法，为图形中的其他开放路径设置相应的效果，最终效果如图 7-38 所示。

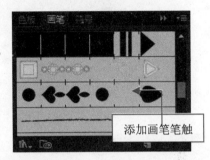

图 7-36　添加画笔笔触

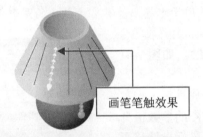

图 7-37　画笔笔触效果

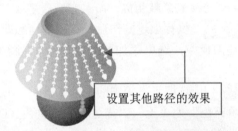

图 7-38　图形效果

　技巧点拨

　　"箭头"子菜单中提供了图案箭头、标准箭头和特殊箭头 3 种箭头类型，其中图案箭头属于图案画笔类，而标准箭头和特殊箭头都属于艺术画笔。

技能 132　应用"艺术效果"画笔

素材：光盘/素材/第 7 章/书信.ai	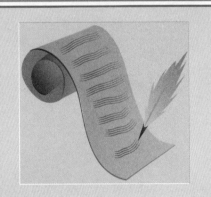
效果：光盘/效果/第 7 章/技能 132 应用"艺术效果"画笔.ai	
难度：★★★★★	
技能核心："艺术效果_卷轴笔"面板	
视频：光盘/视频/第 7 章/技能 132 应用"艺术效果"画笔.mp4	
时长：1 分 17 秒	

↗ **实战演练**

步骤 1 单击"文件" | "打开"命令，打开一幅素材图形，如图 7-39 所示。

步骤 2 单击"画笔"浮动面板右上角的 ▾ 按钮，在弹出的面板菜单中选择"打开画笔库" | "艺术效果" | "艺术效果_卷轴笔"选项，即可弹出"艺术效果_卷轴笔"浮动面板，将鼠标指针移至"卷轴笔 8"画笔笔触上，单击鼠标左键，如图 7-40 所示。

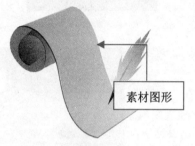

素材图形

图 7-39　素材图形

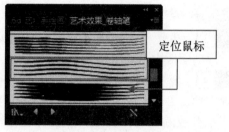

定位鼠标

图 7-40　单击鼠标左键

🧭 **技巧点拨**

"艺术画笔"子菜单中包含了 6 种画笔种类，分别是书法效果、卷轴笔效果、水彩效果、油墨效果、画笔效果和粉笔炭笔效果。其中，书法效果中的画笔笔触与书法画笔中的画笔笔触相似，而水彩和油墨效果则适用于水墨画等具有古韵味的图形中。

步骤 3 执行上述操作后，该画笔笔触即可添加至"画笔"浮动面板中，选中添加的"卷轴笔 8"画笔笔触，如图 7-41 所示。

步骤 4 选取工具箱中的画笔工具 ✐，在工具属性栏上设置"填充色"为"无"、"描边"为土黄色（CMYK 的参数值分别为 40、50、60、0）、"描边粗细"为 1pt，将鼠标指针移至图形编辑窗口中的合适位置，单击鼠标左键并拖曳，绘制一条

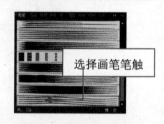

选择画笔笔触

图 7-41　选择画笔笔触

开放路径，释放鼠标后即可将该画笔笔触应用于图形编辑窗口中，如图 7-42 所示。

步骤 5 用与上述相同的方法，并根据图形的需要合理地应用画笔笔触，最终效果如图 7-43 所示。

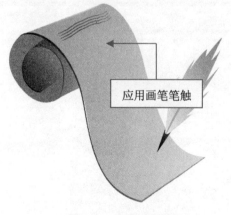

应用画笔笔触

图 7-42　应用画笔笔触

图形效果

图 7-43　图形效果

技能 133 应用"装饰"画笔

素材：光盘/素材/第 7 章/七彩伞.ai

效果：光盘/效果/第 7 章/技能 133 应用"装饰"画笔.ai

难度：★★★★★

技能核心："装饰_文本分隔线"面板

视频：光盘/视频/第 7 章/技能 133 应用"装饰"画笔.mp4

时长：2 分 10 秒

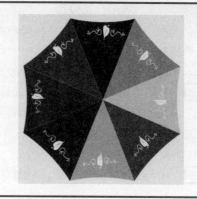

实战演练

步骤 1　单击"文件" | "打开"命令，打开一幅素材图形，如图 7-44 所示。

步骤 2　单击"画笔"浮动面板右上角的 ▤ 按钮，在弹出的面板菜单中选择"打开画笔库" | "装饰" | "装饰_文本分隔线"选项，即可弹出"装饰_文本分隔线"浮动面板，将鼠标指针移至"文本分隔线 13"画笔笔触上，单击鼠标左键，如图 7-45 所示。

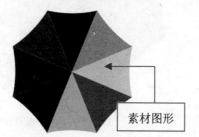

素材图形

图 7-44　素材图形

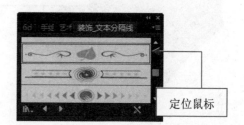

定位鼠标

图 7-45　单击鼠标左键

步骤 3　执行上述操作后，该画笔笔触即可添加至"画笔"浮动面板中，在"文本分隔线 13"画笔笔触上双击鼠标左键，如图 7-46 所示。

步骤 4　执行上述操作后，弹出"艺术画笔选项"对话框，设置"方法"为"淡色"，其他选项保持默认设置，如图 7-47 所示。

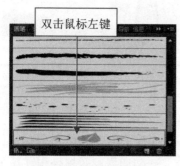

双击鼠标左键

图 7-46　双击鼠标左键

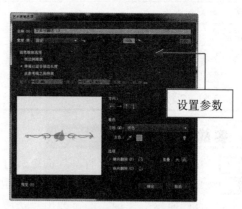

设置参数

图 7-47　"艺术画笔选项"对话框

中文版 ***Illustrator*** 从新手到高手完全技能进阶

技巧点拨

在应用"装饰"画笔中的各种画笔笔触时,需要结合图形以及画笔的属性,对画笔的参数进行相应的设置。在图形中一定要根据图形走向绘制路径,并且需要注意路径的长短、平滑度等,才能制作出较好的图形效果。

步骤 5 单击"确定"按钮,选取工具箱中的画笔工具,在工具属性栏上设置"填充色"为"无"、"描边"为白色、"描边粗细"为2pt,将鼠标指针移至图形编辑窗口中的合适位置,单击鼠标左键并拖曳,绘制一条开放路径,释放鼠标后即可将该画笔笔触应用于图形编辑窗口中,如图7-48所示。

步骤 6 用与上述相同的方法,并根据图形的需要合理地应用画笔笔触,效果如图7-49所示。

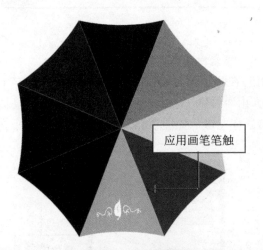

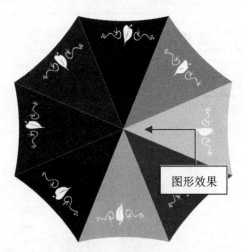

图7-48 应用画笔笔触　　　　　　　图7-49 图形效果

技能 134 应用"边框"画笔

素材:光盘/素材/第7章/台历.ai	
效果:光盘/效果/第7章/技能134 应用"边框"画笔.ai	
难度:★★★★★	
技能核心:"边框_原始"面板	
视频:光盘/视频/第7章/技能134 应用"边框"画笔.mp4	
时长:2分37秒	

实战演练

步骤 1 单击"文件"|"打开"命令,打开一幅素材图形,如图7-50所示。

步骤 2 单击"画笔"浮动面板右上角的按钮,在面板菜单中选择"打开画笔库"|"边框"|"边框_原始"选项,即可弹出"边框_原始"浮动面板,将鼠标指针移至"波利尼

西亚式"画笔笔触上，单击鼠标左键，如图 7-51 所示。

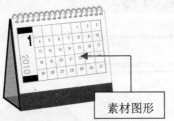

图 7-50　素材图形

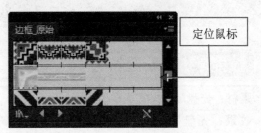

图 7-51　单击鼠标左键

步骤 3　执行上述操作后，该画笔笔触即可添加至"画笔"浮动面板中，如图 7-52 所示。

步骤 4　在"波利尼西亚式"画笔笔触上双击鼠标左键，弹出"图案画笔选项"对话框，设置"内角拼贴"为 Honeycomb，选中"伸展以适合"单选按钮，其他选项保持默认设置，如图 7-53 所示。

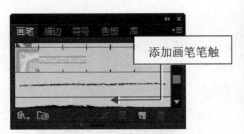

图 7-52　添加画笔笔触

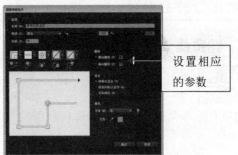

图 7-53　"图案画笔选项"对话框

技巧点拨

若用户对系统自带的画笔图案不满意，也可以对所选择的画笔进行适当的修饰。在"边框"画笔中，大部分的边框图案都会自动填充边线拼贴和外角拼贴，若需要填充其他位置的拼贴，则需要在相应的对话框中进行设置。

步骤 5　单击"确定"按钮，此时显示于"画板"中的"波利尼西亚式"画笔笔触样式如图 7-54 所示。

步骤 6　使用选择工具选中需要填充画笔笔触的图形，在"画笔"面板中单击"波利尼西亚式"画笔笔触，即可将该画笔笔触应用于所选择的图形路径上；在工具属性栏上设置"描边粗细"为 0.25pt，最终效果如图 7-55 所示。

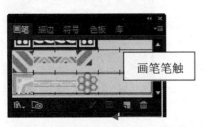

图 7-54　"波利尼西亚式"画笔笔触

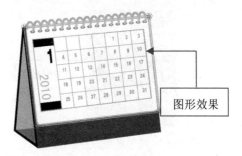

图 7-55　图形效果

7.3 设置符号

技能 135 新建符号

素材：光盘/素材/第 7 章/豆豆.ai	
效果：光盘/效果/第 7 章/技能 135 新建符号.ai	
难度：★★★★★	
技能核心："新建符号"按钮	
视频：光盘/视频/第 7 章/技能 135 新建符号.mp4	
时长：1 分 33 秒	

实战演练

步骤 1　单击"文件"｜"打开"命令，打开一幅素材图形，如图 7-56 所示。

步骤 2　单击"窗口"｜"符号"命令，调出"符号"浮动面板，使用选择工具将图形中的所有图形全部选中，单击面板底部的"新建符号"按钮 ，如图 7-57 所示。

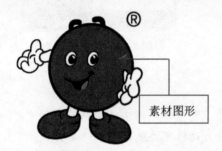

图 7-56　素材图形

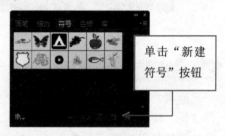

图 7-57　单击"新建符号"按钮

步骤 3　弹出"符号选项"对话框，设置"名称"为"豆豆"，将导出类型设置为"图形"，如图 7-58 所示。

步骤 4　单击"确定"按钮，即可创建新的符号，所选择的图形将显示于"符号"浮动面板中，如图 7-59 所示。

图 7-58　"符号选项"对话框

图 7-59　创建的新符号

技巧点拨

符号指的是保存在"符号"浮动面板中的图形对象，其最初的目的是降低文件大小，在 Illustrator CC 中增加了新的创造性工具，从而使符号变成了极具诱惑力的设计工具，不仅能够在图形窗口中多次使用，创建出自然、疏密有致的集合体，而且不会增加文件的大小。

在新建的文档中调出的"符号"浮动面板只显示"红色箭头"符号图标；在打开一幅素材图形后并不是所有的"符号"浮动面板都会有符号的显示。

技能 136　编辑符号

素材：光盘/素材/第 7 章/豆豆 2.ai	
效果：光盘/效果/第 7 章/技能 136 编辑符号.ai	
难度：★★★★☆	
技能核心："编辑符号"选项	
视频：光盘/视频/第 7 章/技能 136 编辑符号.mp4	
时长：1 分 12 秒	

实战演练

步骤 1　打开技能 135 的效果图形，使用选择工具选中图像编辑窗口中的符号图形，此时，该图形已经成为一个整体，如图 7-60 所示。

步骤 2　单击"符号"面板中的"豆豆"图标，单击"符号"浮动面板右上角的 按钮，在弹出的面板菜单中选择"编辑符号"选项，如图 7-61 所示。

选中图形

图 7-60　选中符号图形

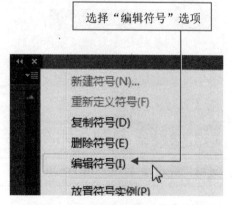

选择"编辑符号"选项

新建符号(N)...
重新定义符号(F)
复制符号(D)
删除符号(E)
编辑符号(I)
放置符号实例(P)

图 7-61　选择"编辑符号"选项

步骤 3　使用选择工具，在图形编辑窗口中的合适位置单击鼠标左键，即可选中鼠标单击处的符号局部图形，如图 7-62 所示。

步骤 4 在工具属性栏上设置"填色"为黄色（CMYK 的参数值分别为 0、0、100、0），即可改变所选图形的颜色，效果如图 7-63 所示。

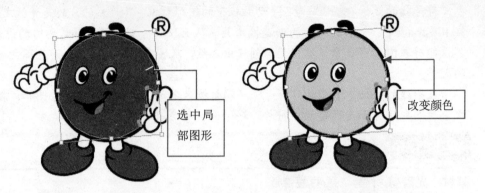

图 7-62 选中局部图形　　　　　　　图 7-63 改变颜色

步骤 5 用与上述相同的方法，设置其他局部图形的颜色，效果如图 7-64 所示。

步骤 6 在图形编辑窗口中改变符号局部图形的颜色时，图形编辑完成后，双击鼠标窗口空白处，"符号"浮动面板中的"豆豆"符号图标也随之改变，如图 7-65 所示。

图 7-64 设置其他局部图形的颜色　　　　图 7-65 "符号"浮动面板

 技巧点拨

新创建的符号需要经过保存后，原图形才能成为一个整体，即一个符号，此时，使用任何选择类工具都会将整个符号图形选中。另外，除了使用"编辑符号"选项外，用户也可以在选中需要编辑的符号后，单击工具属性栏上的"编辑符号"按钮，即可对该符号进行编辑。

技能 137 复制和删除符号

素材：光盘/素材/第 7 章/豆豆 3.ai	效果：无
难度：★★☆☆☆	技能核心："复制符号"选项和"删除符号"按钮
视频：光盘/视频/第 7 章/技能 137 复制和删除符号.mp4	时长：49 秒

实战演练

步骤 1 打开技能 136 的效果图形，单击"符号"浮动面板中的"豆豆"符号图标，如图 7-66 所示。

步骤 2 单击面板右上角的 按钮，在弹出的面板菜单中选择"复制符号"选项，即可复制所选择的符号，并以"豆豆 2"的名称显示于"符号"面板中，如图 7-67 所示。

图 7-66 单击符号图标

图 7-67 复制符号

步骤 3 选中复制的"豆豆 2"符号图标，将鼠标指针移至面板底部的"删除符号"按钮 上，如图 7-68 所示。

步骤 4 单击鼠标左键，将弹出提示信息框，询问用户是否确认删除所选择的符号，如图 7-69 所示。

步骤 5 单击"是"按钮，即可将所选择的符号删除，如图 7-70 所示。

图 7-68 定位鼠标指针

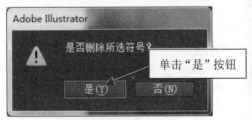

图 7-69 提示信息框

图 7-70 删除符号

技巧点拨

用户在删除符号的过程中，若所删除的符号已经应用于图形编辑窗口中，单击"删除符号"按钮，将会弹出"使用中删除警告"提示信息框，提示用户所删除的符号正在使用，此时无法对其进行删除。该对话框中有 3 个按钮，若单击"扩展实例"按钮，则可以将所要删除的符号进行扩展，此时，用户可以对实例进行编辑等操作；若单击"删除实例"按钮，则图形编辑窗口中的实例将被删除。

技能 138　放置符号实例

素材：光盘/素材/第 7 章/豆豆 3.ai	
效果：光盘/效果/第 7 章/技能 138 放置符号实例.ai	
难度：★★★☆☆	
技能核心："放置符号实例"选项	
视频：光盘/视频/第 7 章/技能 138 放置符号实例.mp4	
时长：58 秒	

实战演练

步骤 1　打开技能 137 的素材图形，在"符号"面板中单击 Grape Cluster 符号图标，如图 7-71 所示。

步骤 2　单击面板右上角的 ≡ 按钮，在弹出的面板菜单中选择"放置符号实例"选项，即可将所选择的符号置于图形窗口中，并根据图形需要调整符号的位置与大小，如图 7-72 所示。

单击选中符号图标

图 7-71　单击选中符号图标

置入符号

图 7-72　置入符号

技巧点拨

将符号置于图形编辑窗口中还有以下 3 种方法：

● 在"符号"浮动面板中选中需要置入的符号，再将其拖曳至图形编辑窗口中即可。

● 在"符号"浮动面板中选中需要置入的符号，在面板底部单击"置入符号实例"按钮 ➡。

● 在"符号"浮动面板中选中需要置入的符号，选取工具箱中的符号喷枪工具 ，将鼠标指针移至图形编辑窗口中的合适位置，单击鼠标左键即可。

技能 139　替换符号

素材：光盘/素材/第 7 章/豆豆 4.ai	效果：光盘/效果/第 7 章/技能 139 替换符号.ai
难度：★★☆☆☆	技能核心："替换符号"选项
视频：光盘/视频/第 7 章/技能 139 替换符号.mp4	时长：52 秒

步骤 1 打开技能 138 的效果图形,在图形编辑窗口中选中需要替换的符号图形,如图 7-73 所示。

步骤 2 在"符号"浮动面板中单击替换的符号图标,如图 7-74 所示。

步骤 3 单击面板右上角的 按钮,在弹出的面板菜单中选择"替换符号"选项,即可将图形编辑窗口中所选择的符号图形进行替换,并根据需要调整符号图形的大小与角度,效果如图 7-75 所示。

选中符号图形

图 7-73 选中符号图形

单击符号图标

图 7-74 单击符号图标

替换符号图形

图 7-75 图形效果

技巧点拨

用户在进行替换符号的操作之前,一定要先选择需要替换的符号图形,否则,"替换符号"选项呈灰色状态。在选择需要替换的符号图形后,也可以在工具属性栏上单击"用符号替换实例"右侧的下拉按钮 ,在弹出的下拉列表中选择替换的符号图标即可。

技能 140 断开符号链接

素材:光盘/素材/第 7 章/豆豆 5.ai	
效果:光盘/效果/第 7 章/技能 140 断开符号 链接.ai	
难度:★★★★★	
技能核心:"断开符号链接"选项	
视频:光盘/视频/第 7 章/技能 140 断开符号 链接.mp4	
时长:50 秒	

步骤 1 打开技能 139 的效果图形,在图形编辑窗口中选中需要断开链接的符号图形,如

图 7-76 所示。

步骤 2 　单击面板右上角的■按钮，在弹出的面板菜单中选择"断开符号链接"选项，即可将符号图形的链接断开，选取工具箱中的直接选择工具，选择断开符号链接的局部图形，如图 7-77 所示。

步骤 3 　结合图形的需要调整局部图形的路径锚点，并对其颜色进行变换，效果如图 7-78 所示。

选中符号图形

图 7-76　选中符号图形

选择断开符号链接的局部图形

调整局部图形并变换颜色

图 7-77　选择断开符号链接的局部图形　　　　图 7-78　图形效果

技巧点拨

"断开符号链接"还有以下两种方法：

● 在"符号"浮动面板中选中需要断开链接的符号图形后，单击面板底部的"断开符号链接"按钮即可。

● 在"符号"浮动面板中选中需要断开链接的符号图形后，在工具属性栏上单击"断开链接"按钮即可。

7.4　使用符号库

技能 141　应用"3D 符号"

素材：光盘/素材/第 7 章/a 传递.ai
效果：光盘/效果/第 7 章/技能 141 应用"3D 符号".ai
难度：★★★★★
技能核心："3D 符号"面板
视频：光盘/视频/第 7 章/技能 141 应用"3D 符号".mp4
时长：1 分 30 秒

步骤 1 单击"文件"｜"打开"命令，打开一幅素材图形，如图 7-79 所示。

步骤 2 单击"符号"浮动面板右上角的▬按钮，在弹出的面板菜单中选择"打开符号库"｜"3D 符号"选项，即可弹出"3D 符号"浮动面板，将鼠标指针移至"@ 符号"图标上，单击鼠标左键，如图 7-80 所示。

步骤 3 执行上述操作后，该符号即可添加至"符号"浮动面板中，选中所添加的符号，将鼠标指针移至面板底部的"置入符号实例"按钮⬡上，如图 7-81 所示。

素材图形

图 7-79 素材图形

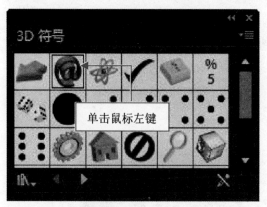

图 7-80 "3D 符号"浮动面板

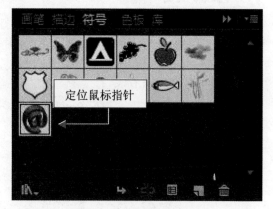

定位鼠标指针

图 7-81 定位鼠标指针

步骤 4 单击鼠标左键，即可将该符号置入图形编辑窗口中，调整符号的位置与大小，如图 7-82 所示。

步骤 5 单击"符号浮动"面板底部的"断开符号链接"按钮，在工具属性栏上设置符号的填充色为浅蓝色（CMYK 的参数值分别为 46、0、0、0），效果如图 7-83 所示。

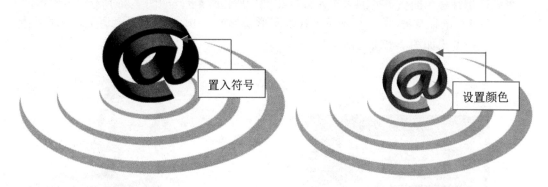

置入符号

设置颜色

图 7-82 置入符号

图 7-83 图形效果

 技巧点拨

"3D 符号"面板中的符号大部分都是立体式的图形，将 3D 符号置入图形编辑窗口中后，先将符号图形的链接断开，再设置其填色、描边、描边粗细和字体等属性。

技能 142　应用"复古"符号

素材：光盘/素材/第 7 章/时尚复古包.ai	
效果：光盘/效果/第 7 章/技能 142 应用"复古"符号.ai	
难度：★★★☆☆	
技能核心："复古"面板	
视频：光盘/视频/第 7 章/技能 142 应用"复古"符号.mp4	
时长：1 分 18 秒	

↗ 实战演练

步骤 **1**　单击"文件"｜"打开"命令，打开一幅素材图形，如图 7-84 所示。

步骤 **2**　单击"符号"浮动面板右上角的 ▦ 按钮，在弹出的面板菜单中选择"打开符号库"｜"复古"选项，即可弹出"复古"浮动面板，将鼠标指针移至"心形"符号图标上，单击鼠标左键，如图 7-85 所示。

图 7-84　素材图形　　　　　　　　　　　　图 7-85　"复古"浮动面板

步骤 **3**　执行上述操作后，该符号即可添加至"符号"浮动面板中，选中所添加的符号图形，将鼠标指针移至面板下方的"置入符号实例"按钮 ⬚ 上，如图 7-86 所示。

步骤 **4**　单击鼠标左键，即可将该符号置入图形编辑窗口中，并根据需要调整符号的位置、大小与角度，效果如图 7-87 所示。

图 7-86　定位鼠标指针　　　　　　　　　　　图 7-87　图形效果

技能 143 应用"箭头"符号

素材：光盘/素材/第 7 章/指示牌.ai	
效果：光盘/效果/第 7 章/技能 143 应用"箭头"符号.ai	
难度：★★★★☆	
技能核心："箭头"面板	
视频：光盘/视频/第 7 章/技能 143 应用"箭头"符号.mp4	
时长：2 分 09 秒	

实战演练

步骤 **1**   单击"文件"|"打开"命令，打开一幅素材图形，如图 7-88 所示。

步骤 **2**   单击"符号"浮动面板右上角的 ▾≣ 按钮，在弹出的面板菜单中选择"打开符号库"|"箭头"选项，即可弹出"箭头"浮动面板，单击"箭头 28"符号图标，如图 7-89 所示。

图 7-88 素材图形

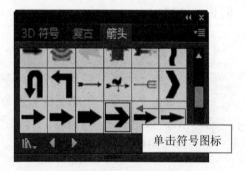

图 7-89 "箭头"浮动面板

步骤 **3**   执行上述操作后，该符号即可添加至"符号"浮动面板中，单击所添加的符号，在面板底部单击"置入符号实例"按钮 ⟳ ，将符号置入图形编辑窗口中并调整其位置与大小；选中符号图形，单击面板底部的"断开符号链接"按钮，然后使用直接选择工具选中需要编辑的局部图形，在工具属性栏上设置填充色为白色，效果如图 7-90 所示。

步骤 **4**   用与上述相同的方法，为图像添加其他的符号图形，效果如图 7-91 所示。

图 7-90 置入符号并设置颜色

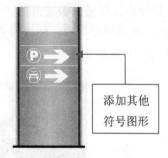

图 7-91 图形效果

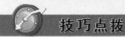

技巧点拨

在设置符号图形的属性时，首先应使用直接选择工具选取局部图形，然后再进行设置。例如用户在图形编辑窗口中置入了箭头符号，并将其链接断开后，若使用选择工具选中符号图形，将会选择整个符号图形，在进行颜色填充后，整个符号图形将为同一种颜色；若使用直接选择工具选择符号图形，只有鼠标单击处的局部图形被选中，在进行颜色填充后，也只会针对所选择的局部图形进行填充。

技能 144　应用"Web 按钮与条形"符号

素材：光盘/素材/第 7 章/按钮.ai	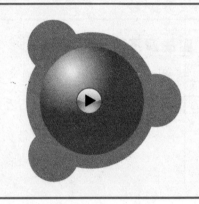
效果：光盘/效果/第 7 章/技能 114 应用"Web 按钮与条形"符号.ai	
难度：★★★★☆	
技能核心："Web 按钮和条形"面板	
视频：光盘/视频/第 7 章/技能 114 应用"Web 按钮与条形"符号.mp4	
时长：48 秒	

实战演练

步骤 1　单击"文件"｜"打开"命令，打开一幅素材图形，如图 7-92 所示。

步骤 2　单击"符号"浮动面板右上角的■按钮，在弹出的面板菜单中选择"打开符号库"｜"Web 按钮和条形"选项，弹出"Web 按钮和条形"浮动面板，单击"项目符号 5-下一个"符号图标，如图 7-93 所示。

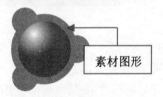

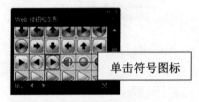

图 7-92　素材图形　　　　图 7-93　"Web 按钮和条形"浮动面板

步骤 3　执行上述操作后，该符号即可添加至"符号"浮动面板中，单击所添加的符号图形，将鼠标指针移至面板底部的"置入符号实例"按钮 上，如图 7-94 所示。

步骤 4　单击鼠标左键，即可将该符号置入图形编辑窗口中，并调整符号图形的位置与大小，效果如图 7-95 所示。

图 7-94　单击鼠标左键　　　　图 7-95　图形效果

技巧点拨

　　将符号置入图形窗口中后，若在"符号"面板中所置入的符号图标上双击鼠标左键，则图形编辑窗口中将只显示当前编辑的符号，而其他符号或图形将暂时隐藏，当用户编辑完成后，将鼠标指针移至图形编辑窗口中，双击鼠标左键，即可显示暂时隐藏的符号或图形。

技能 145　应用"庆祝"符号

素材：光盘/素材/第 7 章/生日蛋糕.ai	
效果：光盘/效果/第 7 章/技能 145 应用"庆祝"符号.ai	
难度：★★★★★	
技能核心："庆祝"面板	
视频：光盘/视频第 7 章/技能 145 应用"庆祝"符号.mp4	
时长：1 分 19 秒	

↗ 实战演练

步骤 1　单击"文件"｜"打开"命令，打开一幅素材图形，如图 7-96 所示。

步骤 2　单击"符号"浮动面板右上角的 按钮，在弹出的面板菜单中选择"打开符号库"｜"庆祝"选项，弹出"庆祝"浮动面板，单击"气球 1"符号图标，如图 7-97 所示。

素材图形

图 7-96　素材图形

单击符号图标

图 7-97　"庆祝"浮动面板

步骤 3　执行上述操作后，该符号即可添加至"符号"浮动面板中，单击所添加的符号图形，在面板底部单击"置入符号实例"按钮 ，将符号置入图形编辑窗口中，并根据需要调整符号图形的位置与大小，如图 7-98 所示。

步骤 4　用与上述相同的方法，为图形添加其他的符号图形，最终效果如图 7-99 所示。

调整符号图形

图形效果

图 7-98　调整符号图形　　　　图 7-99　图形效果

 技巧点拨

在利用符号库中的符号时，用户可以将所有符号添加至"符号"面板中，如果所单击的符号图标在面板中已经存在，系统将自动在"符号"面板中选中该符号。

技能 146　应用"艺术纹理"符号

素材：光盘/素材/第 7 章/几何体.ai	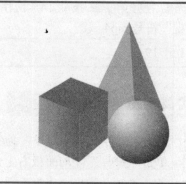
效果：光盘/效果/第 7 章/技能 146 应用"艺术纹理"符号.ai	
难度：★★★★☆	
技能核心："艺术纹理"面板	
视频：光盘/视频/第 7 章/技能 146 应用"艺术纹理"符号.mp4	
时长：39 秒	

↗ **实战演练**

步骤 1 单击"文件"｜"打开"命令，打开一幅素材图形，如图 7-100 所示。

步骤 2 单击"符号"浮动面板右上角的 ▤ 按钮，在弹出的面板菜单中选择"打开符号库"｜"艺术纹理"选项，弹出"艺术纹理"浮动面板，单击"气泡"符号图标，如图 7-101 所示。

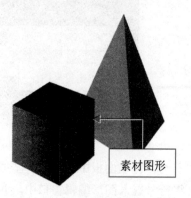

素材图形

单击符号图标

图 7-100　素材图形　　　　图 7-101　"艺术纹理"浮动面板

步骤 3 执行上述操作后，该符号即可添加至"符号"浮动面板中，选中所添加的符号图形，单击"置入符号实例"按钮 ，将符号置入图形编辑窗口中，并调整符号图形的位置与大小，如图 7-102 所示。

步骤 4 选中符号图形，单击面板底部的"断开符号链接"按钮，将鼠标指针移至工具箱中的渐变图标上 ▇，单击鼠标左键，调出"渐变"浮动面板，设置符号图形的渐变填充色，最终效果如图 7-103 所示。

技巧点拨

在图形编辑窗口中选中相应的图形或符号后，在工具箱下方的渐变图标中显示了已经设置好的渐变填充色，用户只需要单击渐变图标，即可将该渐变填充色应用于所选择的图形中。

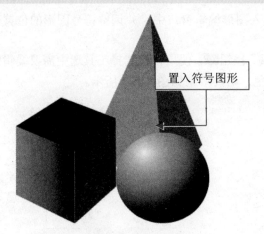

置入符号图形

图 7-102　置入符号图形

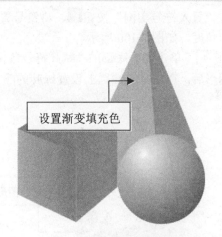

设置渐变填充色

图 7-103　设置填充色

技能 147　应用"花朵"符号

素材：光盘/素材/第 7 章/衬衣.ai	
效果：光盘/效果/第 7 章/技能 147 应用"花朵"符号.ai	
难度：★★★★☆	
技能核心："花朵"面板	
视频：光盘/视频/第 7 章技能/147 应用"花朵"符号.mp4	
时长：1 分 11 秒	

实战演练

步骤 1 单击"文件"|"打开"命令，打开一幅素材图形，如图 7-104 所示。

步骤 2 单击"符号"浮动面板右上角的 ▤ 按钮，在弹出的面板菜单中选择"打开符号库"|"花朵"选项，弹出"花朵"浮动面板，单击"红玫瑰"符号图标，如图 7-105 所示。

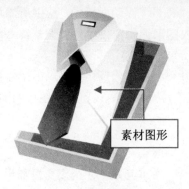

图 7-104　素材图形

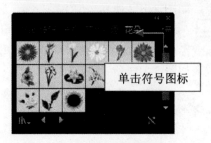

图 7-105　"花朵"浮动面板

步骤 **3**　执行上述操作后，该符号即可添加至"符号"浮动面板中，选中所添加的符号，单击"置入符号实例"按钮，将符号置入图形编辑窗口中，并调整符号图形的位置、大小和角度，如图 7-106 所示。

步骤 **4**　单击面板底部的"断开符号链接"按钮，使用直接选择工具选中需要编辑的局部图形后，在工具属性栏上设置绿叶的颜色，最终效果如图 7-107 所示。

调整符号图形

图 7-106　调整符号图形

图形效果

图 7-107　图形效果

 技巧点拨

将符号图形应用于图形编辑窗口中后，如果要对符号图形进行编辑，只需选择符号图形，再单击鼠标右键，断开符号链接即可。

技能 148　应用"自然"符号

素材：	光盘/素材/第 7 章/房子.ai
效果：	光盘/效果/第 7 章/技能 148 应用"自然"符号.ai
难度：	★★★☆☆
技能核心：	"自然"面板
视频：	光盘/视频/第 7 章/技能 148 应用"自然"符号.mp4
时长：	1 分 13 秒

实战演练

步骤 1　单击"文件"|"打开"命令，打开一幅素材图形，如图 7-108 所示。

步骤 2　单击"符号"浮动面板右上角的 按钮，在弹出的面板菜单中选择"打开符号库"|"自然"选项，弹出"自然"浮动面板，单击"树木 1"符号图标，如图 7-109 所示。

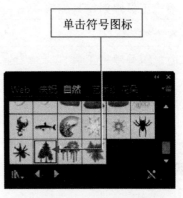

单击符号图标

素材图形

图 7-108　素材图形　　　　　图 7-109　"自然"浮动面板

步骤 3　执行上述操作后，该符号即可添加至"符号"浮动面板中，选中所添加的符号，单击"置入符号实例"按钮 ，将符号置入图形编辑窗口中，并根据需要调整符号图形的位置与大小，如图 7-110 所示。

步骤 4　用与上述相同的方法，为图形添加其他的符号图形，最终效果如图 7-111 所示。

置入符号图形

图形效果

图 7-110　置入符号图形　　　　　图 7-111　图形效果

 技巧点拨

在"符号"面板中，用户可以对符号的显示模式进行设置。单击面板右上角的 按钮，在弹出的面板菜单中提供了缩览视图、小列表视图和大列表视图 3 种显示模式，用户可根据需要选择相应的模式，"符号"面板中的符号即可以相应的显示模式进行显示。另外，在"符号"浮动面板中的符号图标上，单击鼠标左键并拖曳，至合适位置后释放鼠标，即可调整符号的位置。

7.5　应用符号工具

技能 149　使用符号喷枪工具喷射符号

素材：光盘/素材/第 7 章/原野风景.ai
效果：光盘/效果/第 7 章/技能 149 使用符号 　　　喷枪工具喷射符号.ai
难度：★★★☆☆
技能核心：符号喷枪工具
视频：光盘/视频/第 7 章/技能 149 使用符号 　　　喷枪工具喷射符号.mp4
时长：1 分 17 秒

实战演练

步骤 1　单击"文件"｜"打开"命令，打开一幅素材图形，如图 7-112 所示。

步骤 2　利用"符号"面板调出符号库中的"自然"浮动面板，并将"草地 1"符号图形添加至"符号"面板中，将鼠标指针移至工具箱中的"符号喷枪工具"图标上，双击鼠标左键，弹出"符号工具选项"对话框，设置"直径"为 100pt、"强度"为 5、"符号组密度"为 5，单击"符号喷枪"按钮，并在其下方的选项区中，将各选项均设置为"平均"，如图 7-113 所示。

图 7-112　素材图形

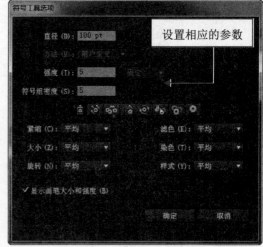

图 7-113　"符号工具选项"对话框

步骤 3　单击"确定"按钮，将鼠标指针移至图形编辑窗口中的合适位置，单击鼠标左键，即可喷射出一个符号图形，如图 7-114 所示。

步骤 4　用与上述相同的方法，对图形喷射多个合适的符号图形，效果如图 7-115 所示。

喷射符号图形

图7-114　喷射符号图形

喷射多个
符号图形

图7-115　图形效果

 技巧点拨

在"符号工具选项"对话框中，"紧缩"、"滤色""大小""染色""旋转"和"样式"等选项只有"符号喷枪工具"具备，它主要用来设置符号喷枪工具所喷射出的效果。

技能 150　使用符号移位器工具移动符号

素材：光盘/素材/第 7 章/原野风景 2.ai

效果：光盘/效果/第 7 章/技能 150 使用符号
移位器工具移动符号.ai

难度：★★★ ★ ★

技能核心：符号移位器工具

视频：光盘/视频/第 7 章/技能 150 使用符号
移位器工具移动符号.mp4

时长：39 秒

实战演练

步骤 1　打开技能 149 的效果图形，在图形编辑窗口中选中需要移位的符号图形，选取工具箱中的符号移位器工具 ，将鼠标指针移至选中符号图形中的合适位置，单击鼠标左键并拖曳，此时图像编辑窗口中即可显示符号图形的移位过程，如图 7-116 所示。

步骤 2　符号图形移位至满意效果后，释放鼠标，即可观察符号图形移位后的图形效果，如图 7-117 所示。

步骤 3　用与上述相同的方法，对其他区域的符号图形进行移位，最终效果如图 7-118 所示。

图7-116　单击鼠标左键并拖曳

图 7-117　移位后的符号图形效果

图 7-118　图形效果

　技巧点拨

　　"符号移位器工具"的使用主要是针对所喷射的符号图形，若按住【Shift】键的同时拖曳鼠标，则可以将符号图形前移一层；若按住【Shift+Alt】组合键的同时拖曳鼠标，则可以将符号图形后移一层。

技能 151　使用符号紧缩器工具紧缩符号

素材：光盘/素材/第 7 章/原野风景 3.ai	
效果：光盘/效果/第 7 章/技能 151 使用符号紧缩器工具紧缩符号.ai	
难度：★★☆☆☆	
技能核心：符号紧缩器工具	
视频：光盘/视频/第 7 章/技能 151 使用符号紧缩器工具紧缩符号.mp4	
时长：33 秒	

实战演练

步骤 1　打开技能 150 的效果图形，使用选择工具选中图形编辑窗口中需要紧缩的符号图形，选取工具箱中的符号紧缩器工具，将鼠标指针移至符号图形中的合适位置，按住鼠标左键，图形编辑窗口中即可显示所选择符号图形的收缩过程，如图 7-119 所示。

步骤 2　符号图形收缩至满意效果后，释放鼠标，最终效果如图 7-120 所示。

图 7-119　按住鼠标左键

图 7-120　图形效果

符号紧缩工具可以使选择的符号图形向鼠标所单击的点进行聚集紧缩，若按住【Alt】键的同时单击鼠标左键，则可以使符号图形以鼠标所单击的点进行推离。

技能 152　使用符号缩放器工具缩放符号

素材：光盘/素材/第 7 章/原野风景 4.ai
效果：光盘/效果/第 7 章/技能 152 使用符号缩放器工具缩放符号.ai
难度：★★★★★
技能核心：符号缩放器工具
视频：光盘/视频/第 7 章/技能 152 使用符号缩放器工具缩放符号.mp4
时长：1 分 10 秒

实战演练

步骤 1　打开技能 151 的效果图形，将符号库"花朵"浮动面板中的"蒲公英"符号添加至"符号"浮动面板中，再将该符号图形置入图形编辑窗口中，如图 7-121 所示。

步骤 2　选中所置入的符号图形后，在"符号缩放器工具"图标上双击鼠标左键，弹出"符号工具选项"对话框，设置"直径"为 100pt、"方法"为"用户定义"、"强度"为 8、"符号组密度"为 6，分别选中"等比缩放"和"调整大小影响密度"复选框，如图 7-122 所示。

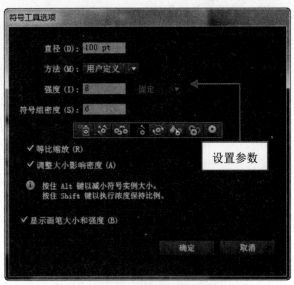

图 7-121　置入符号图形　　　　图 7-122　设置参数

步骤 3　单击"确定"按钮，将鼠标指针移至所选择的符号图形上，按住【Alt】键的同时按住鼠标左键，当符号图形缩放至满意效果后，释放鼠标即可，如图 7-123 所示。

步骤 4　用与上述相同的方法，对其他符号图形进行缩放处理，效果如图 7-124 所示。

缩放其他
符号图形

图 7-123 缩放图形　　　　图 7-124 图形效果

 技巧点拨

　　在"符号选项工具"对话框中设置参数时，若将"方法"设置为"平均"，则符号图形将无任何变化，只有当多个符号处在一个符号组时，并且符号图形的大小不同，会有所变化。若直接在选中的符号图形上单击鼠标左键，可将符号图形放大。

技能 153　使用符号旋转器工具旋转符号

素材：光盘/素材/第 7 章/原野风景 5.ai	
效果：光盘/效果/第 7 章/技能 153 使用符号 　　　旋转器工具旋转符号.ai	
难度：★★★★☆	
技能核心：符号旋转器工具	
视频：光盘/视频/第 7 章/技能 153 使用符号 　　　旋转器工具旋转符号.mp4	
时长：1 分 15 秒	

实战演练

步骤 1　打开技能 152 的效果图形，选中图形编辑窗口中需要旋转的符号组，在"符号旋转器工具"图标上双击鼠标左键，弹出"符号工具选项"对话框，设置"直径"为 100pt、"方法"为"用户定义"、"强度"为 4、"符号组密度"为 6，如图 7-125 所示。

步骤 2　单击"确定"按钮，将鼠标指针移至需要旋转的符号图形上，单击鼠标左键，此时，符号图形上将出现一个红色箭头指示旋转方向，如图 7-126 所示。

设置参数

指示旋转方向

图 7-125 "符号工具选项"对话框　　　　图 7-126 指示旋转方向

技巧点拨

在使用符号旋转器工具对符号图形进行操作时，需要注意"符号"面板中是否有符号处于选中状态，若有符号被选中，则需要取消选择，然后才能对图形窗口中的符号图形进行旋转操作。

步骤 **3** 拖曳鼠标使图形旋转至满意效果后，释放鼠标即可，效果如图 7-127 所示。

步骤 **4** 用与上述相同的方法，根据需要将其他符号图形进行旋转，效果如图 7-128 所示。

图 7-127 旋转图形

图 7-128 图形效果

技能 154 使用符号着色器工具填充符号

素材：光盘/素材/第 7 章/原野风景 6.ai	效果：光盘/效果/第 7 章/技能 154 使用符号着色器工具填充符号.ai
难度：★★★★☆	技能核心：符号着色器工具
视频：光盘/视频/第 7 章/技能 154 使用符号着色器工具填充符号.mp4	时长：1 分 42 秒

实战演练

步骤 **1** 打开技能 153 的效果图形，将符号库"自然"面板中的"蝴蝶"符号添加至"符号"面板中，并将该符号图形置入图形编辑窗口中，并选中该符号图形，如图 7-129 所示。

步骤 **2** 选取工具箱中的符号着色器工具 ，单击"填色"图标，系统自动调出"颜色"浮动面板，设置 CMYK 的参数值分别为 0、0、100、0，如图 7-130 所示。

图 7-129 置入并选中符号图形

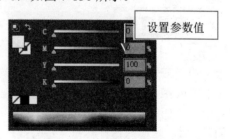

图 7-130 "颜色"浮动面板

技巧点拨

在调出的"颜色"浮动面板中，若显示的颜色模式为 RGB 模式，则只需单击面板右上角的 ≡ 按钮，在弹出的面板菜单中选择 CMYK 选项，即可将 RGB 模式转换为 CMYK 模式。

步骤 3 将鼠标指针移至符号图形上，单击鼠标左键，即可对符号图形填色，效果如图 7-131 所示。

步骤 4 根据需要调整符号图形的位置、大小和角度，效果如图 7-132 所示。

图 7-131 对符号图形填色

图 7-132 调整符号图形

技巧点拨

使用"符号着色器工具"对符号图形进行填色时，若按住【Alt】键，则可以减少填色的数量；若按住【Shift】键，则可以保持符号图形填色之前的色调强度。

技能 155 使用符号滤色器工具降低符号透明度

素材：光盘/素材/第 7 章/原野风景 7.ai	
效果：光盘/效果/第 7 章/技能 155 使用符号滤色器工具降低符号透明度.ai	
难度：★★★★★	
技能核心：符号滤色器工具	
视频：光盘/视频/第 7 章/技能 155 使用符号滤色器工具降低符号透明度.mp4	
时长：2 分 05 秒	

实战演练

步骤 1 打开技能 154 的效果图形，删除原图形中的云彩图形，将符号库"自然"浮动面板中的"云彩 1"、"云彩 2"和"云彩 3"符号添加至"符号"浮动面板中，再将这些符号图形置入图像编辑窗口中，并根据需要调整各符号图形的位置与大小，选中需要滤色的符号图形，如图 7-133 所示。

步骤 2 将鼠标指针移至"符号滤色器工具"图标 上，双击鼠标左键，弹出"符号工具选项"对话框，设置"直径"为 200pt、"方法"为"用户定义"、"强度"为 2、"符号组密度"为6，如图7-134所示。

图 7-133　选中符号图形

图 7-134　设置参数

步骤 3　单击"确定"按钮，在选择的符号图形上单击鼠标左键，即可降低符号图形的透明度，如图7-135所示。

步骤 4　用与上述相同的方法，并根据图形编辑窗口的需要对各符号图形进行透明度的调整，如图7-136所示。

降低符号图形透明度

图 7-135　降低符号图形透明度

调整透明度

图 7-136　调整透明度

 技巧点拨

使用"符号滤色器工具"对符号图形进行透明度调整时，若是在已降低了透明度的符号图形上，按住【Alt】键，则可以逐步增加符号图形的色彩明度。

技能 156　使用符号样式器工具应用图形样式

素材：光盘/素材/第 7 章/原野风景 8.ai	
效果：光盘/效果/第 7 章/技能 156 使用符号样式器工具应用图形样式.ai	
难度：★★★★★	
技能核心：符号样式器工具	
视频：光盘/视频/第 7 章/技能 156 使用符号样式器工具应用图形样式.mp4	
时长：56 秒	

实战演练

步骤 1　　打开技能 155 的效果图形，将符号库"庆祝"面板中的"蝴蝶结"符号添加至"符号"面板中，然后将该符号图形置入图形编辑窗口中，如图 7-137 所示。

步骤 2　　选中置入的符号图形，选取工具箱中的符号样式器工具▣，单击"窗口"|"图形样式"命令，调出"图形样式"浮动面板，单击面板底部的"图形样式库菜单"按钮▣，在弹出的下拉菜单中选择"斑点画笔的附属品"选项，在调出的"斑点画笔的附属品"浮动面板中单击"投影"图形样式图标，并将该图形样式拖曳至"图形样式"浮动面板中，如图 7-138 所示。

置入符号图形

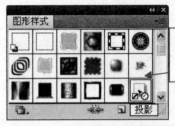

添加"投影"图形样式

图 7-137　置入符号图形　　　　　　图 7-138　添加图形样式

步骤 3　　选中所添加的图形样式，然后将鼠标指针移至符号图形上，单击鼠标左键，即可将"投影"图形样式应用于符号图形上，效果如图 7-139 所示。

步骤 4　　根据图像编辑窗口的需要，适当地应用图形样式，最终效果如图 7-140 所示。

应用"投影"图形样式

图形效果

图 7-139　应用"投影"图形样式　　　　　图 7-140　图形效果

　**技巧点拨**

　　使用"符号样式器工具"对符号图形应用图形样式时，若按住【Alt】键，则可以降低样式的强度；若按住【Shift】键，则可以保持符号图形应用图形样式之前的样式强度。

编辑图层与蒙版

8

Illustrator CC 中的图层操作与管理主要是通过"图层"浮动面板来实现的。在绘制复杂的图形时，用户可以将不同的图形放置于不同的图层中，从而能够更加方便地对图形进行编辑。灵活地运用蒙版，可以对"图层"面板中的图形进行修饰，绘制出丰富多彩的图形效果。

本章主要介绍管理图层、应用混合模式和应用蒙版的技巧。

8.1　管理图层

技能 157　创建图层

素材：光盘/素材/第 8 章/七色伞.ai	效果：光盘/效果/第 8 章/技能 157 创建图层.ai
难度：★★★★☆	技能核心："创建新图层"按钮
视频：光盘/视频/第 8 章/技能 157 创建图层.avi	时长：1 分 23 秒

实战演练

步骤 1　单击"文件"|"打开"命令，打开一幅素材图形，单击"窗口"|"图层"命令，调出"图层"面板，其中"图层 1"的预览框中显示了图形编辑窗口中处于该图层中的图形，将鼠标指针移至面板底部的"创建新图层"按钮上 ，如图 8-1 所示。

步骤 2　单击鼠标左键，即可创建一个新的图层，系统默认的名称为"图层 2"，如图 8-2 所示。

图 8-1　定位鼠标指针　　　　　　　　　　图 8-2　创建图层

步骤 3　选取工具箱中的钢笔工具 ，设置"填充色"为洋红色、"描边'为"无"，在图形编辑窗口中绘制一个图形，如图 8-3 所示。

步骤 4　执行上述操作的同时，"图层 2"的预览框中将显示图形编辑窗口中绘制的图形，如图 8-4 所示。

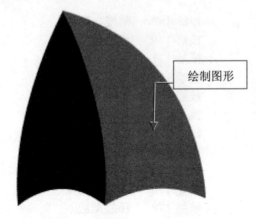
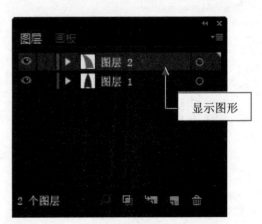

图 8-3　绘制图形　　　　　　　　　　图 8-4　显示图形

用户在创建新图层时，若按住【Ctrl】键的同时单击"创建新图层"按钮，则可以在所有图层的上方新建一个图层；若按住【Alt+Ctrl】组合键的同时单击"创建新图层"按钮，则可以在所选择图层的下方新建一个图层。

技能 158　设置图层选项

素材：光盘/素材/第 8 章/七色伞 2.ai	效果：光盘/效果/第 8 章/技能 158 设置图层选项.ai
难度：★★★☆☆	技能核心："图层选项"对话框
视频：光盘/视频/第 8 章/技能 158 设置图层选项.avi	时长：59 秒

实战演练

步骤 **1**　打开技能 157 的效果图形，将鼠标指针移至"图层 1"上，双击鼠标左键，弹出"图层选项"对话框，设置"名称"为"雨伞 1"，分别选中"显示"、"打印"、"预览"复选框，如图 8-5 所示。

步骤 **2**　双击"颜色"右侧的颜色块，弹出"颜色"对话框，在其中选择需要的颜色，如图 8-6 所示。

图 8-5　"图层选项"对话框

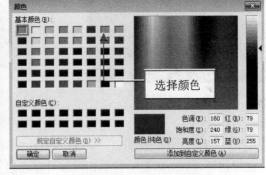

图 8-6　选择颜色

步骤 **3**　依次单击"确定"按钮，即可完成图层选项的设置，如图 8-7 所示。

步骤 **4**　用与上述相同的方法，为"图层 2"设置相应的图层选项，如图 8-8 所示。

图 8-7　更改图层选项

图 8-8　更改图层选项

在绘制图形的过程中，某些图层中包含了子图层，若用户在子图层上双击鼠标左键，则会弹出"选项"对话框，在其中可以设置子图层的名称和显示等属性。

技能 159　复制图层

素材：光盘/素材/第 8 章/七色伞 3.ai	效果：光盘/效果/第 8 章/技能 159 复制图层.ai
难度：★★☆☆☆	技能核心："复制'图层'"选项
视频：光盘/视频/第 8 章/技能 159 复制图层.avi	时长：52 秒

实战演练

步骤 1　打开技能 158 的效果图形，选中"雨伞 2"图层，单击面板右上角的 按钮，在弹出的面板菜单中选择"复制'雨伞 2'"选项，"图层"面板上即可显示复制的图层，如图 8-9 所示。

步骤 2　使用选择工具选中图形编辑窗口中所复制的图形，并对其进行镜像操作，然后调整图形在图形编辑窗口中的位置和颜色，如图 8-10 所示。

图 8-9　复制图层

图 8-10　镜像并调整图形

技巧点拨

使用"图层"面板复制图层，可以将原图层中的所有子图层毫无保留地复制到新的图层中。除了使用选项可以对图层进行复制外，还可以在面板中选中需要复制的图层，将其拖曳至"图层"浮动面板底部的"创建新图层"按钮上，即可复制该图层。

技能 160　移动图层

素材：光盘/素材/第 8 章/七色伞 4.ai	效果：光盘/效果/第 8 章/技能 160 移动图层.ai
难度：★★★☆☆	技能核心：拖曳鼠标
视频：光盘/视频/第 8 章/技能 160 移动图层.avi	时长：1 分 18 秒

实战演练

步骤 1　打开技能 159 的效果图形，新建"雨伞 3"图层，在"颜色"浮动面板中设置 CMYK 的参数值分别为 50、100、0、0，选取工具箱中的钢笔工具，在图形编辑窗口中绘制一个图形，如图 8-11 所示。

步骤 2　移动鼠标指针至"雨伞 3"图层上，单击鼠标左键并向下拖曳，如图 8-12 所示。

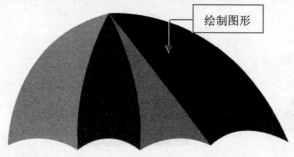
绘制图形

拖曳鼠标

图 8-11　绘制图形　　　　　　　图 8-12　拖曳鼠标

步骤 3 　至"雨伞 1"和"雨伞 2"图层之间时，释放鼠标，即可移动该图层的位置，如图 8-13 所示。

步骤 4 　移动"雨伞 3"图层的位置后，图形编辑窗口中的图形位置和图形效果也将随之改变，如图 8-14 所示。

移动图层

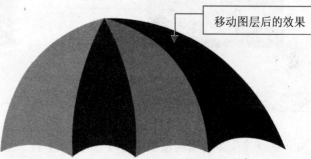
移动图层后的效果

图 8-13　移动图层　　　　　　　图 8-14　图形效果

技巧点拨

　　在移动图层的操作过程中，选择了一个图层后，按住鼠标左键并向上或向下拖动，若是在另一个图层上释放鼠标，则选择的图层将与另一个图层合并为一个图层，并成为另一个图层的子图层。

技能 161　合并图层

素材：光盘/素材/第 8 章/七色伞 5.ai	效果：光盘/效果/第 8 章/技能 161 合并图层.ai
难度：★★★☆☆	技能核心："合并所选图层"命令
视频：光盘/视频/第 8 章/技能 161 合并图层.avi	时长：1 分 10 秒

实战演练

步骤 1 　打开技能 160 的效果图形，复制"雨伞 3"图层，选中图形编辑窗口中所复制的图形，对其进行镜像操作，并调整图形在图形编辑窗口中的位置和颜色，如图 8-15 所示。

步骤 2 　按住【Ctrl】键的同时，在弹出的"图层"面板中选中需要合并的图层，如图 8-16 所示。

步骤 3 　单击面板右上角的 按钮，在面板菜单中选择"合并所选图层"选项，即可将所选择的图层合并为一个图层，如图 8-17 所示。

步骤 4 　单击"雨伞 1"图层左侧的三角按钮 ，所合并的图层将以子图层的形式显示，如图 8-18 所示。

图 8-15　复制并镜像图形

图 8-16　选中图层

图 8-17　合并图层

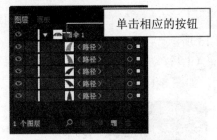

图 8-18　显示子图层

 技巧点拨

在合并图层时，若按住【Shift】键，在"图层"浮动面板中单击需要合并的图层，则可以选择多个不连续的图层；若按住【Ctrl】键，则可以选择不相邻的图层。

技能 162　锁定图层

素材：光盘/素材/第 8 章/七色伞 6.ai	效果：无
难度：★★☆☆☆	技能核心："切换锁定"图标
视频：光盘/视频/第 8 章/技能 162　锁定图层.avi	时长：29 秒

↗ **实战演练**

步骤 **1**　打开技能 161 的效果图形，将鼠标指针移至"雨伞 1"图层左侧的"切换锁定"图标■上，如图 8-19 所示。

步骤 **2**　单击鼠标左键，此时"切换锁定"图标呈■形状，即该图层已被锁定，如图 8-20 所示。

图 8-19　定位鼠标指针

图 8-20　锁定图层

步骤 3 将鼠标指针移至图形编辑窗口中的任意区域，此时鼠标指针呈 形状，表示图形已被锁定而无法进行编辑，如图 8-21 所示。

锁定图形

图 8-21 锁定图形

 技巧点拨

除了直接单击图标可以锁定图层外，还有以下两种方法：

● 在"图层"浮动面板中选择不需要锁定的图层，单击面板右上角的 按钮，在弹出的面板菜单中选择"锁定其他图层"选项，即可将未选择的图层锁定。

● 在"图层"浮动面板中选择需要锁定的图层，双击鼠标左键，在弹出的"图层选项"对话框中选中"锁定"复选框，单击"确定"按钮即可锁定所选择的图层。

技能 163 隐藏与显示图层

素材：	光盘/素材/第 8 章/七色伞 6.ai
效果：	光盘/素材/第 8 章/技能 163 隐藏与显示 图层.ai
难度：	★★★★☆
技能核心：	"切换可视性"图标
视频：	光盘/视频/第 8 章/技能 163 隐藏与显示 图层.avi
时长：	1 分 45 秒

实战演练

步骤 1 打开技能 162 的素材图形，新建一个名为"手柄"的图层，将鼠标指针移至"雨伞 1"图层左侧的"切换可视性"图标 上，如图 8-22 所示。

步骤 2 单击鼠标左键，此时"切换可视性"图标呈 形状（如图 8-23 所示），表示该图层已被隐藏。

图 8-22 定位鼠标指针

图 8-23 隐藏图层

技巧点拨

除了直接单击图标可以隐藏图层外，还有以下 3 种方法：

● 按住【Alt】键的同时在不需要隐藏的图层左侧单击"切换可视性"图标 ，即可隐藏其他图层。

● 在"图层"浮动面板中选择不需要隐藏的图层，单击面板右上角的 按钮，在弹出的面板菜单中选择"隐藏其他图层"选项，即可隐藏其他图层。

● 在"图层"浮动面板上选择需要隐藏的图层，双击鼠标左键，在弹出的"图层选项"对话框中取消选择"显示"复选框，单击"确定"按钮，即可隐藏所选择的图层。

步骤 3 执行操作的同时，图形窗口中的图形将随之隐藏，选取工具箱中的矩形工具，在图形编辑窗口中绘制三个大小不同的矩形，并填充相应的渐变色，如图 8-24 所示。

步骤 4 在"雨伞 1"图层的"切换可视性"图标上单击鼠标左键，当"切换可视性"图标呈 形状时，即可显示该图层，并在图形编辑窗口中调整各图形之间的位置及大小，如图 8-25 所示。

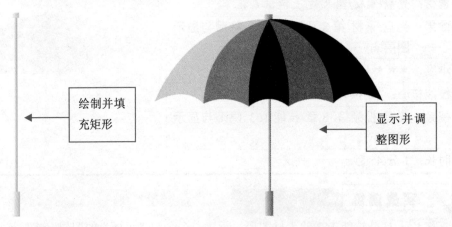

绘制并填充矩形

显示并调整图形

图 8-24　绘制并填充矩形　　　　　　　图 8-25　显示并调整图形

 技巧点拨

除了直接单击图标隐藏图层外，还有以下两种方法：

● 按住【Alt】键的同时在任意一个图层左侧的"切换可视性"图标 上单击鼠标左键，即可显示所有隐藏的图层。

● 在"图层"浮动面板中选择任意一个图层，单击面板右上角的 按钮，在弹出的面板菜单中选择"显示所有图层"选项，即可显示所有隐藏的图层。

技能 164　删除图层

素材：光盘/素材/第 8 章/七色伞 7.ai	效果：光盘/素材/第 8 章/技能 164 删除图层.ai
难度：★★☆☆☆	技能核心："删除所选图层"按钮
视频：光盘/视频/第 8 章/技能 164 删除图层.avi	时长：33 秒

实战演练

步骤 **1** 打开技能 163 的效果图形，将"手柄"图层展开以显示子图层，选中需要删除的子图层，将鼠标指针移至面板底部的"删除所选图层"按钮 上，如图 8-26 所示。

步骤 **2** 单击鼠标左键，即可将所选择的子图层删除，图形窗口中的图形也将随之删除，根据需要调整图形窗口中的图形大小，如图 8-27 所示。

定位鼠标指针

图 8-26　定位鼠标指针

删除并调整图形

图 8-27　删除并调整图形

技巧点拨

除了直接单击按钮可以删除图层外，还有以下两种方法：

● 在图形编辑窗口中选择需要删除的图形，按【Delete】键，将弹出提示信息框，单击"是"按钮即可删除该图层。

● 在"图层"浮动面板中选择需要删除的图层或子图层，单击面板右上角的 按钮，在弹出的面板菜单中选择"删除'图层'"选项，即可删除所选择的图层。

8.2　巧用混合模式

技能 165 | **变暗与变亮**

素材：光盘/素材/第 8 章/时尚达人.ai	
效果：光盘/效果/第 8 章/技能 165 变暗与变亮.ai	
难度：★★★★★	
技能核心："变暗"与"变亮"选项	
视频：光盘/视频/第 8 章/技能 165 变暗与变亮.avi	
时长：1 分 37 秒	

↗ 实战演练

步骤 **1** 单击"文件"|"打开"命令，打开一幅素材图形，选取工具箱中的钢笔工具 ，在"颜色"面板中设置 CMYK 的参数值分别为 0、60、0、0；选中"背景"图层，在图形编辑窗口中绘制一个合适的图形，并选中该图形，如图 8-28 所示。

步骤 **2** 单击"窗口"|"透明度"命令，调出"透明度"浮动面板，单击"混合模式"下拉列表框，在弹出的下拉列表中选择"变暗"选项，如图 8-29 所示。

选择"变暗"选项

绘制图形

图 8-28 绘制图形　　　　　　　　　图 8-29 选择"变暗"选项

步骤 **3** 执行上述操作后，所选择的图形在图形编辑窗口中的效果将随之改变，效果如图 8-30 所示。

步骤 **4** 选中绘制的图形，选择"变亮"混合模式选项，即可得到另一种不同的图形效果，如图 8-31 所示。

应用"变暗"混合模式后的效果

应用"变亮"混合模式后的效果

图 8-30 应用"变暗"混合模式后的效果　　　图 8-31 应用"变亮"混合模式后的效果

 技巧点拨

　　"变暗"与"变亮"是两种效果恰好相反的混合模式，运用这两种混合模式时，应当注意它们不是图形之间的色彩混合后的效果。因此，在绘制图形时，要把握好图形的色彩明度。

技能 166	颜色加深与颜色减淡	
素材：光盘/素材/第 8 章/杯子.ai	效果：无	
难度：★★☆☆	技能核心："颜色加深"与"颜色减淡"选项	
视频：光盘/视频/第 8 章/技能 166 颜色加深与颜色减淡.avi		时长：36 秒

↗ 实战演练

步骤 1 单击"文件"|"打开"命令，打开一幅素材图形，如图 8-32 所示。

步骤 2 选中图形编辑窗口中需要设置混合模式的图形，利用"透明度"浮动面板，在"混合模式"下拉列表框中选择"颜色加深"选项，此时所选图形在图形编辑窗口中的效果将随之改变，如图 8-33 所示。

步骤 3 选中图形，选择"颜色减淡"混合模式选项，即可得到另一种不同的图形效果，如图 8-34 所示。

图 8-32　素材图形

应用"颜色加深"混合模式后的效果

应用"颜色减淡"混合模式后的效果

图 8-33　应用"颜色加深"混合模式后的效果　　　图 8-34　应用"颜色减淡"混合模式后的效果

 技巧点拨

"颜色加深"可以降低颜色的亮度，而"颜色减淡"可以增强颜色的亮度。

在混合模式的操作过程中，"颜色加深"可以将所选择的图形根据图形的颜色灰度变暗，在与其他图形相融合时降低所选图形的亮度；"颜色减淡"可以将所选图形与其下方的图形进行颜色混合，从而增加色彩饱和度，使图形的整体颜色色调变亮。

技能 167	正片叠底与叠加

素材：光盘/素材/第 8 章/美食.ai	
效果：无	
难度：★★☆☆	
技能核心："正片叠底"与"叠加"选项	
视频：光盘/视频/第 8 章/技能 167 正片叠底与叠加.avi	
时长：41 秒	

实战演练

步骤 **1** 单击"文件"|"打开"命令，打开一幅素材图形，如图 8-35

步骤 **2** 使用选择工具选中图形编辑窗口中需要设置混合模式的图形，在"透明度"浮动面板的"混合模式"下拉列表框中选择"正片叠底"选项，此时所选图形在图形编辑窗口中的效果将随之改变，如图 8-36 所示。

步骤 **3** 选中图形，选择"叠加"混合模式选项，即可得到另一种不同的图形效果，如图 8-37 所示。

图 8-35 素材图形

应用"正片叠底"混合模式后的效果

图 8-36 应用"正片叠底"混合模式

应用"叠加"混合模式后的效果

图 8-37 应用"叠加"混合模式后的效果

 技巧点拨

使用"正片叠底"混合模式可以使所选择的图形颜色比原图形颜色暗一些，而"叠加"混合模式可以使所选择的图形的亮部颜色变得更亮，而暗部颜色则更加暗淡。

技能 168 柔光与强光

素材：光盘/素材/第 8 章/数码相机.ai	
效果：光盘/效果/第 8 章/技能 168 柔光与强光.ai	
难度：★★★☆☆	
技能核心："柔光"与"强光"选项	
视频：光盘/视频/第 8 章/技能 168 柔光与强光.avi	
时长：1 分 12 秒	

步骤 **1**　单击"文件"｜"打开"命令，打开一幅素材图形，如图 8-38 所示。

步骤 **2**　选取工具箱中的矩形工具，在"颜色"面板中设置 CMYK 的参数值分别为 0、100、0、0；在图形编辑窗口中绘制一个合适的矩形，并选中该矩形，在"混合模式"下拉列表框中选择"柔光"选项，所选图形在图形编辑窗口中的效果将随之改变，如图 8-39 所示。

步骤 **3**　选中图形，选择"强光"混合模式选项，即可得到另一种不同的图形效果，如图 8-40 所示。

素材图形　　　　应用"柔光"混合模式后的效果　　　　应用"强光"混合模式后的效果

图 8-38　素材图形　　图 8-39　"柔光"混合模式后的效果　　图 8-40　"强光"混合模式后的效果

 技巧点拨

　　"柔光"混合模式可以将所选择图形中的颜色色调很清晰地显示在其下方图形的颜色色调中，若选择的图形颜色高于 50% 的灰色，则下方的图形颜色将变暗；若低于 50% 的灰色，则可以使下方的图形颜色变亮。

　　"强光"混合模式可以将所选择的图形下方的图形颜色色调很清晰地显示于所选择图形的颜色色调中，若选择的图形颜色高于 50% 的灰色，则下方的图形颜色将会以"正片叠底"的混合模式变亮。

技能 169　明度与混色

素材：光盘/素材/第 8 章/乒乓球拍.ai	
效果：光盘/效果/第 8 章/技能 169 明度与混色.ai	
难度：★★★★☆	
技能核心："明度"与"混色"选项	
视频：光盘/视频/第 8 章/技能 169 明度与混色.avi	
时长：1 分 18 秒	

步骤 **1**　单击"文件"｜"打开"命令，打开一幅素材图形，如图 8-41 所示。

步骤 **2**　选取工具箱中的椭圆工具 ，在"颜色"面板中设置 CMYK 的参数值分别为 60、0、0、0，在图形编辑窗口中的合适位置绘制一个正圆，如图 8-42 所示。

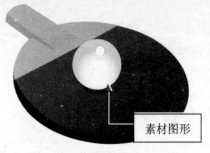

素材图形

图.8-41　素材图形

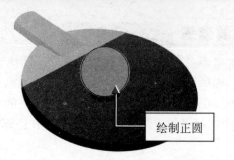

绘制正圆

图 8-42　绘制正圆

步骤 3　选中所绘制的图形，利用"透明度"浮动面板，在"混合模式"下拉列表框中选择"明度"选项，此时所选图形在图形编辑窗口中的效果也将随之改变，如图 8-43 所示。

步骤 4　选中图形，选择"混色"混合模式选项，即可得到另一种不同的图形效果，如图 8-44 所示。

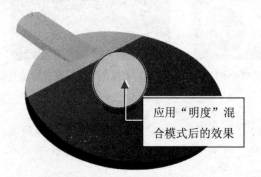

应用"明度"混合模式后的效果

图 8-43　应用"明度"混合模式后的效果

应用"混色"混合模式后的效果

图 8-44　应用"混色"混合模式后的效果

技巧点拨

"明度"和"混色"混合模式的效果恰好相反。"明度"主要是将选择的图形与其下方图形的颜色色相、饱和度进行混合。若选择的图形和其下方的图形颜色色调都较暗，则混合效果也会较暗。

"混色"主要是将选择的图形与其下方图形的颜色色调、饱和度进行互换。若下方的图形颜色为灰度，选择"混色"混合模式后下方图形将无任何变化。

技能 170　色相与饱和度

素材：光盘/素材/第 8 章/笑脸.ai	
效果：光盘/效果/第 8 章/技能 170 色相与饱和度.ai	
难度：★★★★★	
技能核心："色相"与"饱和度"选项	
视频：光盘/视频/第 8 章/技能 170 色相与饱和度.avi	
时长：1 分 44 秒	

实战演练

步骤 1 单击"文件"|"打开"命令，打开一幅素材图形，选取工具箱中的椭圆工具 ⬭，在"颜色"面板中设置 CMYK 的参数值分别为 40、0、100、0，在图形窗口中的合适位置绘制一个正圆，并选中该正圆；在"透明度"浮动面板的"混合模式"下拉列表框中选择"色相"选项，此时所选图形在图形编辑窗口中的效果也将随之改变，如图 8-45 所示。

步骤 2 选中图形，选择"饱和度"混合模式选项，即可得到另一种不同的图形效果，如图 8-46 所示。

应用"色相"混合模式后的效果

图 8-45 应用"色相"混合模式后的效果

应用"饱和度"混合模式后的效

图 8-46 应用"饱和度"混合模式后的效果

技巧点拨

"色相"是将所选择的图形与其下方的图形颜色亮度和饱和度进行混合，进行混合模式设置后，图形的亮度和饱和度与下方的图形相同，但图形的色相由所选择的图形颜色决定。

技能 171 滤色

素材：光盘/素材/第 8 章/橄榄球.ai	效果：无
难度：★★★★★	技能核心："滤色"选项
视频：光盘/视频/第 8 章/技能 171 滤色.avi	时长：33 秒

实战演练

步骤 1 单击"文件"|"打开"命令，打开一幅素材图形，如图 8-47 所示。

步骤 2 在图形窗口中选中需要进行混合模式设置的图形，在"透明度"浮动面板的"混合模式"下拉列表框中选择"滤色"选项，此时所选图形在图形窗口中的效果也将随之改变，如图 8-48 所示。

技巧点拨

"滤色"混合模式可以将所选择的图形与其下方的图形进行层叠，从而使层叠区域变亮，同时会对混合图形的色调进行均匀处理。若所选择的图形与其下方的图形颜色为同一色系，则层叠的区域明度会有所提高，但也会与图形颜色同属于一个色系。

素材图形

应用"滤色"混合模式后的图形

图 8-47　素材图形　　　　　　　　图 8-48　应用"滤色"混合模式后的图形

技能 172　差值

素材：光盘/素材/第 8 章/激情舞动.ai	
效果：无	
难度：★★★★★	
技能核心："差值"选项	
视频：光盘/视频/第 8 章/技能 172　差值.avi	
时长：34 秒	

实战演练

步骤 1　　单击"文件"｜"打开"命令，打开一幅素材图形，如图 8-49 所示。

步骤 2　　在图形编辑窗口中选中需要进行混合模式设置的图形，在"混合模式"下拉列表框中选择"差值"选项，此时所选图形在图形编辑窗口中的效果也将随之改变，如图 8-50 所示。

应用"差值"混合模式后的效果

素材图形

图 8-49　素材图形　　　　　　　图 8-50　应用"差值"混合模式后的效果

"差值"混合模式的混合效果主要取决于所选择图形的颜色色调，若选择图形的颜色色调为白色，则会将图形下方的图形颜色色调进行反相；若图形颜色为黑色，则不会对图形下方的图形颜色色调进行反相；若图形颜色为灰色，则根据颜色色调对下方的图形进行反相。

技能 173　排除

素材：光盘/素材/第 8 章/足球.ai
效果：光盘/效果/第 8 章/技能 173　排除.ai
难度：★★☆☆☆
技能核心："排除"选项
视频：光盘/视频/第 8 章/技能 173　排除.avi
时长：43 秒

实战演练

步骤 **1**　单击"文件"｜"打开"命令，打开一幅素材图形，如图 8-51 所示。

步骤 **2**　在图形编辑窗口中选中需要进行混合模式设置的图形，在"混合模式"下拉列表框中选择"排除"选项，此时所选图形在图形编辑窗口中的效果也将随之改变，如图 8-52 所示。

步骤 **3**　用与上述相同的方法，为其他图形进行混合模式的设置，效果如图 8-53 所示。

素材图形

图 8-51　素材图形

应用"排除"混合模式后的效果

图 8-52　应用"排除"混合模式后的效果

为其他图形设置混合模式

图 8-53　为其他图形设置混合模式

　　设置"排除"混合模式后的图形效果与"差值"混合模式下的图形效果相似，但它具有高对比度和低饱和度的特点，而且比使用"差值"混合模式后的颜色更加柔和。若所选择的图形为黑色，则图形下方的图形颜色与下方原图形颜色的互补色相近。

8.3 应用蒙版

技能 174 使用路径创建蒙版

素材：光盘/素材/第 8 章/相框.ai、夕阳.ai	
效果：光盘/效果/第 8 章/技能 174 使用路径创建蒙版.ai	
难度：★★★★☆	
技能核心："建立"命令	
视频：光盘/视频/第 8 章/技能 174 使用路径创建蒙版.avi	
时长：1 分 58 秒	

实战演练

步骤 1　单击"文件"｜"打开"命令，打开两幅素材图形，如图 8-54 所示。

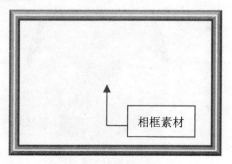

相框素材

风景素材

图 8-54　素材图形

步骤 2　将相框素材图形复制到风景素材图形的文档中，并调整相框与风景素材的大小和位置；选取工具箱中的矩形工具，设置"填充色"为"无"、"描边"为黑色、"描边粗细"为 3pt，在图形编辑窗口中绘制一个与相框相同大小的矩形框，如图 8-55 所示。

步骤 3　将图形编辑窗口中的图形全部选中，单击"对象"｜"剪切蒙版"｜"建立"命令，即可为图形创建剪切蒙版，如图 8-56 所示。

绘制矩形框

图 8-55　绘制矩形框

创建剪切蒙版

图 8-56　创建剪切蒙版

技巧点拨

　　创建蒙版除了可以使用命令外，也可以在选择需要建立剪切蒙版的图形后，在图形窗口中单击鼠标右键，在弹出的快捷菜单中选择"建立剪切蒙版"选项，即可创建剪切蒙版。

技能 175　使用文字创建蒙版

素材：光盘/素材/第 8 章/翱翔蓝天.ai	效果：光盘/效果/第 8 章/技能 175 使用文字创建蒙版.ai
难度：★★★★☆	技能核心："建立"命令
视频：光盘/视频/第 8 章/技能 175 使用文字创建蒙版.avi	时长：1 分 15 秒

实战演练

步骤 1　单击"文件"｜"打开"命令，打开一幅素材图形，选取工具箱中的文字工具 T，
在图形编辑窗口中单击鼠标左键，确认文字输入点，并输入文字"翱翔蓝天"，设置"填充色"为黑色、"字体"为"华文琥珀"、"字号"为 180pt，调整文字在图形窗口中的位置，如图 8-57 所示。

步骤 2　按【Ctrl+A】组合键，选中图形编辑窗口中的所有图形，单击"对象"｜"剪切蒙版"｜"建立"命令，即可创建文字剪切蒙版，如图 8-58 所示。

图 8-57　输入文字　　　　　图 8-58　创建文字剪切蒙版

 技巧点拨

　　创建蒙版的图形通常位于图形窗口中的顶层，它可以是单一的路径，也可以是复合路径，选中需要创建蒙版的图形后，单击"图层"面板右上角的按钮，在弹出的面板菜单中选择"建立剪切蒙版"选项，也可以为图形创建剪切蒙版。

技能 176　创建不透明蒙版

素材：光盘/素材/第 8 章/水球宝贝.ai	
效果：光盘/效果/第 8 章/技能 176 创建不透明蒙版.ai	
难度：★★★★☆	
技能核心："建立不透明蒙版"选项	
视频：光盘/视频/第 8 章/技能 176 创建不透明蒙版.avi	
时长：1 分 30 秒	

↗ 实战演练

步骤 1 单击"文件"｜"打开"命令，打开一幅素材图形，如图 8-59 所示。

步骤 2 选取工具箱中的椭圆工具 ◯，在图形编辑窗口中的合适位置绘制一个椭圆，在
"渐变"浮动面板中，设置"渐变填充"为 Black、White Radial，"类型"为"径向"，"角
度"为 50°，单击"反向渐变" ▦ 按钮，将填充的渐变色进行反向，效果如图 8-60 所示。

素材图形

创建不透明蒙版

绘制椭圆

图 8-59　素材图形　　　　　　　图 8-60　绘制椭圆　　　　　　　图 8-61　创建不透明蒙版

步骤 3 选中图形编辑窗口中的所有图形，调出"透明度"浮动面板，单击面板右上角的
▦ 按钮，在弹出的面板菜单中选择"新建不透明蒙版为剪切蒙版"选项，再次单击面板右
上角的 ▦ 按钮，在弹出的面板菜单中选择"建立不透明蒙版"选项，即可为图像创建不透
明蒙版，如图 8-61 所示。

 技巧点拨

　想使创建的不透明蒙版达到较好的效果，将所绘制的图形填充为黑白色是最佳选
择。若图形的颜色为黑色，则在创建不透明蒙版后图形呈完全透明状态；若在创建不透
明蒙版后图形的颜色为白色，则图形呈半透明状态。图形的灰度越高，图形越透明。

技能 177　创建反相蒙版

素材：光盘/素材/第 8 章/人物.ai、花纹.ai

效果：光盘/效果/第 8 章/技能 177 创建反相
　　　蒙版.ai

难度：★★★☆☆

技能核心："建立不透明蒙版"选项

视频：光盘/视频/第 8 章/技能 177 创建反相
　　　蒙版.avi

时长：1 分 18 秒

实战演练

步骤 1　单击"文件"｜"打开"命令，打开两幅素材图形，如图 8-62 所示。

人物素材

背景素材

图 8-62　素材图形

步骤 2　将背景素材图形复制到人物素材图形的文档中，并调整背景与人物素材的大小与位置；将图形窗口中的图形全部选中后，调出"透明度"浮动面板，单击面板右上角的 按钮，在弹出的面板菜单中选择"新建不透明蒙版为反相蒙版"选项，再次单击面板右上角的 按钮，在弹出的面板菜单中选择"建立不透明蒙版"选项，即可为图形创建反相蒙版，如图 8-63 所示。

创建反相蒙版

图 8-63　创建反相蒙版

技巧点拨

反相蒙版与不透明蒙版相似，建立反相蒙版图形的白色区域可以将其下方的图形遮盖，而黑色区域下方的图形，则呈完全透明状态。

在创建了不透明蒙版和反相蒙版后，选中建立蒙版的图形，此时"透明度"面板中的"剪切"和"反相"复选框呈选中状态，若用户取消复选框的选中状态，则可以取消剪切蒙版和反相蒙版，但不透明蒙版不会被取消，除非单击面板右上角的面板菜单按钮，在弹出的面板菜单中选择"释放不透明蒙版"选项。

技能 178　编辑剪切蒙版

素材：光盘/素材/第 8 章/秋思.jpg	
效果：光盘/效果/第 8 章/技能 178 编辑剪切蒙版.ai	
难度：★★★★☆	
技能核心："建立剪切蒙版"选项	
视频：光盘/视频/第 8 章/技能 178 编辑剪切蒙版.avi	
时长：1 分 31 秒	

↗ **实战演练**

步骤 **1**　单击"文件" | "打开"命令，打开一幅素材图形，如图 8-64 所示。

步骤 **2**　选取工具箱中的椭圆工具 ⬭，在图形编辑窗口中的合适位置绘制一个正圆，选中图形编辑窗口中的所有图形，单击鼠标右键，在弹出的快捷菜单中选择"建立剪切蒙版"选项，即可为图形创建剪切蒙版，如图 8-65 所示。

素材图形

创建剪切蒙版

图 8-64　素材图形　　　　　　　　　　　图 8-65　创建剪切蒙版

步骤 **3**　使用直接选择工具，选中图形编辑窗口中需要编辑的图形，按住鼠标左键并拖曳，即可移动图形，如图 8-66 所示。

步骤 **4**　至合适位置后释放鼠标，即可改变剪切蒙版中图形的位置，用相同的方法，对其他图形进行编辑，效果如图 8-67 所示。

移动图形

编辑图形

图 8-66　移动图形　　　　　　　　　　　图 8-67　编辑图形

🧭 **技巧点拨**

　　创建剪切蒙版后，使用直接选择工具选中创建了剪切蒙版的图形，通过调整其位置或路径形状，也可以改变蒙版的效果。

技能 179 **释放蒙版**

素材：光盘/素材/第 8 章/礼物.ai	效果：光盘/效果/第 8 章/技能 179 释放蒙版.ai	
难度：★★★★★	技能核心："释放"命令	
视频：光盘/视频/第 8 章/技能 179 释放蒙版.avi	时长：24 秒	

实战演练

步骤 **1** 单击"文件"|"打开"命令，打开一幅素材图形，如图 8-68 所示。

步骤 **2** 使用选择工具选中图形，单击"对象"|"剪切蒙版"|"释放"命令，即可释放图形中的剪切蒙版，如图 8-69 所示。

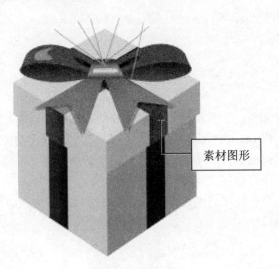

素材图形

释放蒙版

图 8-68　素材图形　　　　　　　图 8-69　释放蒙版

 技巧点拨

释放剪切蒙版还有以下 3 种方法：

● 按【Alt+Ctrl+7】组合键。

● 单击"图层"面板底部的"建立/释放剪切蒙版"按钮。

● 单击"图层"面板右上角的 按钮，在弹出的面板菜单中选择"释放剪切蒙版"选项即可。

9

创建与编辑文本

　　文字是平面设计中最常见的设计元素，它直接传达着设计者的表达意图。因此，对文字的设计与编排是不可或缺的。Illustrator CC 2015 提供了强大的文本处理功能，它不但可以在图形编辑窗口中创建横排或竖排文本，也可以对文本的属性进行编辑，如字体、字号、字间距、行间距等，还可以将文本置于路径图形中。

　　本章主要介绍创建文本、设置文本、使用"字符"面板、使用"段落"面板、图文混排等操作技巧。

9.1 创建文本

技能 180 | 创建文字

素材：光盘/素材/第 9 章/用爱连接一座城市.ai	
效果：光盘/效果/第 9 章/技能 180 创建文字.ai	
难度：★★★★☆	
技能核心：文字工具	
视频：光盘/视频/第 9 章/技能 180 创建文字.avi	
时长：1 分 32 秒	

实战演练

步骤 **1** 单击"文件"|"打开"命令，打开一幅素材图形，选取工具箱中的文字工具 T，
将鼠标指针移至图形编辑窗口中，此时鼠标指针呈 形状，在图形编辑窗口中的合适位置
单击鼠标左键，确认文字的插入点，如图 9-1 所示。

步骤 **2** 在工具属性栏上设置填充色为白色、"字体"为"宋体"、"字体大小"为 30pt，
在图形编辑窗口中，输入相应的文字，并调整至合适位置，选中文字"爱"，设置"字体"
为"黑体"、"字号"为 60pt，如图 9-2 所示。

图 9-1 确认文字插入点

图 9-2 创建文字

 技巧点拨

当用户完成文字输入后，在工具箱中单击任何工具图标，或按【Ctrl+Enter】组合
键，即可确认输入的文字。

技能 181	创建直排文字	

素材：光盘/素材/第 9 章/用爱连接一座城市 1.ai	效果：光盘/素材/第 9 章/技能 181 创建直排文字.ai
难度：★★★★☆	技能核心：直排文字工具
视频：光盘/视频/第 9 章/技能 181 创建直排文字.avi	时长：1 分 41 秒

实战演练

步骤 1　打开素材图形，选取工具箱中的直排文字工具 ，将鼠标指针移至图形窗口中，此时鼠标指针呈 形状，在图形编辑窗口中的合适位置单击鼠标左键，确认直排文字的插入点，如图 9-3 所示。

步骤 2　在工具属性上设置"填充色"为白色、"字体"为"宋体"、"字体大小"为 30pt，在图形编辑窗口中，输入相应的文字，并调整至合适位置，选中文字"爱"，设置"字体"为"黑体"、"字号"为 60pt，如图 9-4 所示。

确认文字插入点

图 9-3　确认插入点

创建直排文字

图 9-4　创建直排文字

技能 182	创建区域文字	

素材：光盘/素材/第 9 章/秋之枫情.ai	
效果：光盘/素材/第 9 章/技能 182 创建区域文字.ai	
难度：★★★★★	
技能核心：区域文字工具	
视频：光盘/视频/第 9 章/技能 182 创建区域文字.avi	
时长：1 分 44 秒	

步骤 1　单击"文件"｜"打开"命令，打开一幅素材图形，选取工具箱中的矩形工具，设置"填充色"为"无"、"描边"为"无"，在图形编辑窗口中的合适位置绘制一个矩形框；选取工具箱中的区域文字工具 ，将鼠标指针移至矩形框内部的路径附近，当鼠标指针呈 形状时，单击鼠标左键，确认区域文字的插入点，如图9-5所示。

步骤 2　在工具属性栏上设置"填充色"为红色、"字体"为"楷体"、"字体大小"为18pt，在图形编辑窗口中输入相应的文字，然后使用选择工具对矩形框的位置和大小进行调整，同时区域文字也随之进行了调整，如图9-6所示。

图9-5　确认文字插入点

图9-6　创建区域文字

技巧点拨

　　使用区域文字工具能够将封闭路径转换为文字容器，并且可以在文字容器内进行文字输入和编辑。

　　注意，区域文字工具必须要在路径内创建文本，并且所要创建的区域必须是一个非复合、非蒙版的路径。

技能183　创建直排区域文字

素材：光盘/素材/第9章/秋之枫情.ai	
效果：光盘/素材/第9章/技能183 创建直排区域文字.ai	
难度：★★★★★	
技能核心：直排区域文字工具	
视频：光盘/视频/第9章/技能183 创建直排区域文字.avi	
时长：1分9秒	

步骤 1　打开技能182的素材图形，选取工具箱中的矩形工具，设置"填充色"为"无"、"描边"为"无"，在图形编辑窗口中的合适位置绘制一个矩形框；选取工具箱中的直排区

域文字工具 T，将鼠标指针移至矩形框内部的路径附近，当鼠标指针呈 形状时，单击鼠标左键，确认直排区域文字的插入点，如图9-7所示。

步骤 2 在工具属性栏上设置"填充色"为红色、"字体"为"楷体"、"字体大小"为18pt，在图形编辑窗口中输入相应的文字，如图9-8所示。

| 图9-7 确认文字插入点 | 图9-8 输入直排区域文字 |

步骤 3 输入完成后，根据文字的编排对矩形框的大小进行调整，最终效果如图9-9所示。

图9-9 调整直排区域文字

 技巧点拨

在闭合的路径中输入文字后，当路径上显示红色的标记田时，则表示所输入的文字没有完全显示，此时需要对路径的大小进行适当的调整。

技能 184 创建路径文字

素材：光盘/素材/第 9 章/扬帆起航.ai	
效果：光盘/素材/第 9 章/技能 184 创建路径文字.ai	
难度：★★★★★	
技能核心：路径文字工具	
视频：光盘/视频/第 9 章/技能 184 创建路径文字.avi	
时长：2 分 50 秒	

实战演练

步骤 **1**　单击"文件"｜"打开"命令，打开一幅素材图形，选取工具箱中的钢笔工具，设置"填充色"为"无"、描边为"无"，在图形编辑窗口中的合适位置绘制一条开放路径；选取工具箱中的路径文字工具 ，将鼠标指针移至开放路径上，当鼠标指针呈 形状时，单击鼠标左键，确认路径文字的插入点，如图9-10所示。

步骤 **2**　在工具属性栏上设置"填充色"为黑色、"字体"为"黑体"、"字体大小"为18pt，在图形编辑窗口中输入相应的文字，然后对路径进行适当的调整，如图9-11所示。

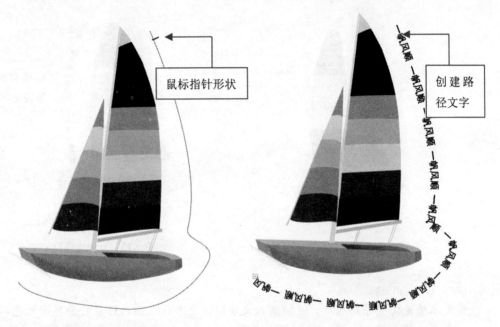

鼠标指针形状

创建路径文字

图9-10　确认文字插入点　　　　图9-11　创建路径文字

技巧点拨

创建路径文字的路径可以是开放路径也可以是封闭路径。创建开放路径后，不论用户在路径上的任何位置确认插入点，插入点都将以开放路径的起始点为准。

技能 185　创建直排路径文字

素材：光盘/素材/第9章/扬帆起航.ai	
效果：光盘/素材/第9章/技能185 创建直排路径文字.ai	
难度：★★★★★	
技能核心：直排路径文字工具	
视频：光盘/视频/第9章/技能185 创建直排路径文字.avi	
时长：2分47秒	

实战演练

步骤 **1** 　打开技能 184 的素材图形，选取工具箱中的钢笔工具，设置"填充色"为"无"、"描边"为"无"，在图像编辑窗口中的合适位置绘制一条开放路径；选取工具箱中的直排路径文字工具 ，将鼠标指针移至开放路径上，当鼠标指针呈 形状时，单击鼠标左键，确认直排路径文字的插入点，如图 9-12 所示。

步骤 **2** 　在工具属性栏上设置"填充色"为黑色、"字体"为"黑体"、"字体大小"为 18pt，在图形编辑窗口中输入相应的文字，然后对路径进行适当的调整，如图 9-13 所示。

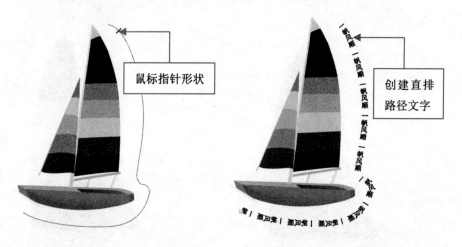

图 9-12　确认文字插入点　　　　　图 9-13　创建直排路径文字

技巧点拨

当文本填充完整条路径后，继续输入文字时，文字插入点的位置将会显示红色的图标 ，表示路径已填充完毕，有文本被隐藏。

9.2　设置文本

技能 186　置入文本

素材：光盘/素材/第 9 章/珍惜.jpg/珍惜文字.txt
效果：光盘/效果/第 9 章/技能 186 置入文本.ai
难度：★★★★☆
技能核心："置入"命令
视频：光盘/视频/第 9 章/技能 186 置入文本.avi
时长：50 秒

实战演练

步骤 1　单击"文件"｜"打开"命令，打开一幅素材图像，如图 9-14 所示。

步骤 2　单击"文件"｜"置入"命令，弹出"置入"对话框，选择需要置入的文件所在的路径，选中需要置入的文件，如图 9-15 所示。

图 9-14　素材图像

图 9-15　选中文件

步骤 3　单击"置入"按钮，将弹出"文本导入选项"对话框，并对其相关选项进行设置，如图 9-16 所示。

步骤 4　单击"确定"按钮，即可将文件置入图像中，在图像的合适位置拖动鼠标，在工具属性栏上设置"字体"为"华文行楷"、"字体大小"为 21pt，并调整至合适位置，最终效果如图 9-17 所示。

图 9-16　"文本导入选项"对话框

图 9-17　置入文件

技能 187　选择文本

素材：光盘/素材/第 9 章/时尚.ai	效果：光盘/效果/第 9 章/技能 187 选择文本.ai
难度：★★★☆☆	技能核心："全部"命令
视频：光盘/视频/第 9 章/技能 187 选择文本.avi	时长：29 秒

↗ **实战演练**

步骤 1　单击"文件"｜"打开"命令，打开一幅素材图像，选择文字工具，在图像编辑窗口中的合适位置输入相应的文字，如图9-18所示。

步骤 2　单击"选择"｜"全部"命令，即可将所输入的文字全部选中，如图9-19所示。

图9-18　输入文字　　　　　　　　　　　　　图9-19　选中文字

技巧点拨

用户还可以根据需要随意选择，将鼠标指针置于需要选择的文字后，单击鼠标左键并向文字的前方进行拖曳即可。

技能 188　复制、剪切和粘贴文本

素材：光盘/素材/第9章/时尚 2.ai	效果：光盘/效果/第9章/技能 188 复制、剪切和粘贴文本.ai
难度：★★★★★	技能核心：快捷键
视频：光盘/视频/第9章/技能 188 剪切、复制和粘贴文本.avi	时长：1 分 46 秒

↗ **实战演练**

步骤 1　打开一幅素材图形，选取工具箱中的文字工具，并选择需要复制的文本，如图9-20所示。

步骤 2　按【Ctrl+C】组合键复制文本，选取工具箱中的直排文字工具，在图像编辑窗口中的合适位置单击鼠标左键，确认插入点，按【Ctrl+V】组合键粘贴文本，并适当地调整文本的位置与大小，如图9-21所示。

步骤 3　选择需要剪切的文本，按【Ctrl+X】组合键剪切文本，选取工具箱中的直排文字工具，在图像编辑窗口中的合适位置单击鼠标左键，确认插入点，按【Ctrl+V】组合

图9-20　选择文本

键粘贴文本，并适当地调整文本的位置和大小，用户也可以在工具属性栏上对各文字属性进行适当的设置，效果如图 9-22 所示。

图 9-21　复制并粘贴文本

图 9-22　剪切并粘贴文本

 技巧点拨

对文本进行剪切、复制和粘贴操作与对图形进行此类操作的方法是相同的，用户还可以通过命令对文本进行剪切、复制和粘贴操作。

另外，当选择了需要的文本，并进行了剪切或复制操作后，需要在工具箱中先选择一种文字工具，重新确认文字插入点，再进行文本的粘贴操作。否则，所剪切或复制的文本将粘贴于原来的文本之后。

技能189　查找和替换文字

素材：光盘/素材/第 9 章/活力少年.ai	
效果：光盘/效果/第 9 章/技能 189　查找和替换文字.ai	
难度：★★★☆☆	
技能核心："查找和替换"对话框	
视频：光盘/视频/第 9 章/技能 189　查找和替换文字.avi	
时长：1 分 3 秒	

实战演练

步骤 1　单击"文件"｜"打开"命令，打开一幅素材图形，选取直排文字工具并输入相应的文字，如图 9-23 所示。

步骤 2　单击"编辑"｜"查找和替换"命令，弹出"查找和替换"对话框，在"查找"文本框中输入"年轻"，在"替换为"文本框中输入"青春"，如图 9-24 所示。

输入文字

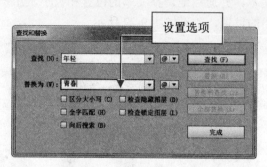

设置选项

图 9-23　输入文字　　　　　图 9-24　"查找和替换"对话框

步骤 3　单击"查找"按钮，即可在文档中查找符合条件的文字，如图 9-25 所示。

步骤 4　单击"全部替换"命令，即可将文档中符合条件的文字内容全部替换，并弹出提示信息框，单击"确定"按钮，然后单击"完成"按钮即可，如图 9-26 所示。

查找文字

替换文字

图 9-25　查找文字　　　　　图 9-26　替换文字

 技巧点拨

　　在"查找和替换"对话框中单击"查找"按钮后，该按钮将自动转换成"查找下一个"按钮；若单击"替换和查找"按钮，既可以查找文字，也可以替换文字。

　　另外，使用"查找和替换"对话框，还可以对特殊符号进行查找和替换，单击文本框右侧的"插入特殊符号"按钮，在弹出下拉列表中选择相应的特殊符号，然后进行查找和替换即可。

技能 190　查找和替换字体

| 素材：光盘/素材/第 9 章/我爱瑜珈.ai |
| 效果：光盘/效果/第 9 章/技能 190 查找和替换字体.ai |
| 难度：★★★★☆ |
| 技能核心："查找字体"对话框 |
| 视频：光盘/视频/第 9 章/技能 190 查找和替换字体.avi |
| 时长：1 分 2 秒 |

我爱练瑜伽

步骤 1　单击"文件"｜"打开"命令，打开一幅素材图形，选取文字工具并输入相应的文字，如图9-27所示。

步骤 2　选择需要替换字体的文字，单击"文字"｜"查找字体"命令，弹出"查找字体"对话框，在"替换字体来自"下拉列表框中选择"系统"选项，此时下方的列表框中将显示系统中所有的字体，选择"华文琥珀"选项，如图9-28所示。

步骤 3　单击"更改"按钮，即可对所选文字的字体进行替换，单击"完成"按钮即可，如图9-29所示。

输入文字

我爱练瑜伽

图9-27　输入文字

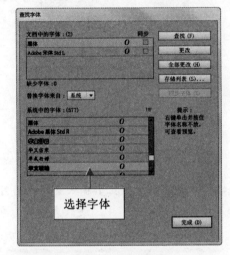

选择字体

图9-28　选择字体

替换字体后的文字

我爱练瑜伽

图9-29　替换字体的效果

技巧点拨

　　若图像编辑窗口中有多个图层，单击"更改"按钮，系统只会对当前图层中的文字字体进行替换，再次单击"更改"按钮，即可替换其他图层中的文字字体，若单击"全部更改"按钮，则可对图像编辑窗口中的所有文字的字体进行替换。

技能 191　转换文本方向

素材：光盘/素材/第9章/生命在于运动.ai
效果：光盘/效果/第9章/技能 191 转换文本方向.ai
难度：★★☆☆☆
技能核心："文字方向"命令
视频：光盘/视频/第9章/技能 191 转换文本方向.avi
时长：1 分

实战演练

步骤 1 单击"文件"|"打开"命令,打开一幅素材图形,选取文字工具并输入相应的文字,然后调整文字的位置,如图 9-30 所示。

步骤 2 选中文字,单击"文字"|"文字方向"|"垂直"命令,即可转换文字的方向,调整文字至合适位置,如图 9-31 所示。

图 9-30 输入文字

图 9-31 转换文字方向

 技巧点拨

利用"文本方向"命令,相当于使用文字工具和直排文字工具输入文字。另外,若输入的是英文字母,还可以更改字母的大小写,单击"文字"|"更改大小写"命令,在弹出的子菜单中选择相应的选项即可。

技能 192 **填充文本框**

素材:光盘/素材/第 9 章/执子之手.ai	
效果:光盘/效果/第 9 章/技能 192 填充文本框.ai	
难度:★★★★☆	
技能核心:选择控制点	
视频:光盘/视频/第 9 章/技能 192 填充文本框.avi	
时长:1 分 31 秒	

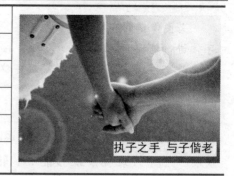

实战演练

步骤 1 单击"文件"|"打开"命令,打开一幅素材图形,选取文字工具并在图形编辑窗口中绘制一个合适大小的文本框,在工具属性栏上设置相应的属性,然后输入文字并调整文字的位置,如图 9-32 所示。

图 9-32 输入文字

步骤 **2**　选取工具箱中的直接选择工具，将鼠标指针移至文本框的控制点上，单击鼠标左键，选择控制点如图 9-33 所示。

步骤 **3**　在工具箱中设置填色为白色，描边为无，即可对文本框进行填充，然后选中文字，将其填充为蓝色，如图 9-34 所示。

执子之手　与子偕老

图 9-33　选择控制点

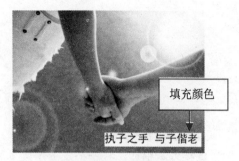

执子之手　与子偕老

图 9-34　填充颜色

技巧点拨

　　对文本框进行填充时，一定要使用直接选择工具对文本框上的控制点进行选择，若使用选择工具或直接选择工具在文本框内进行选择，则只会选中文字，而不会选中文本框。

技能 193　链接文本框

素材：光盘/素材/第 9 章/便签.ai	
效果：光盘/效果/第 9 章/技能 193　链接文本框.ai	
难度：★★★☆☆	
技能核心：单击红色标记	
视频：光盘/视频/第 9 章/技能 193　链接文本框.avi	
时长：59 秒	

实战演练

步骤 **1**　单击"文件"|"打开"命令，打开一幅素材图像，选取文字工具并绘制一个合适大小的文本框，在工具属性栏上设置相应的属性，然后输入文字，当输入的文字过长时，单击直接选择工具，将鼠标指针移至文本框上的红色标记上，此时鼠标指针将呈 形状，如图 9-35 所示。

步骤 **2**　将鼠标指针移至图像编辑窗口中的合适位置，单击鼠标左键，即可出现另一个文本框，此时，两个文本框将自动链接，使用选择工具调整文本框的位置，如图 9-36 所示。

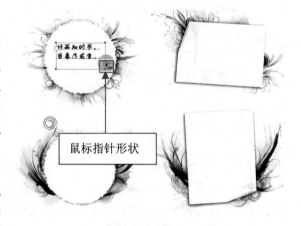

鼠标指针形状

图 9-35　鼠标指针形状

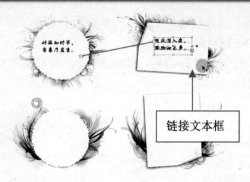

链接文本框

图 9-36 链接文本框

技巧点拨

　　链接文本框可以将一个或多个文本框进行链接，从而使文本框中被隐藏的文字在另一个文本框中进行显示。当用户选择多个需要链接的文本框后，单击"文字" | "串接文本" | "创建"命令，即可将文本框链接。若要取消文本框的链接，则选择需要取消链接的文本框，单击"文字" | "串接文本" | "移去串接文字"命令即可。

9.3　使用"字符"面板

 技能 194 设置字体系列与字体大小

素材：光盘/素材/第 9 章/匆匆.jpg	
效果：光盘/效果/第 9 章/技能 194 设置字体系列与字体大小.ai	
难度：★★★☆☆	
技能核心："设置字体系列"下拉列表框与"设置字体大小"数值框	
视频：光盘/视频/第 9 章/技能 194 设置字体系列与字体大小.avi	
时长：1 分 19 秒	

 实战演练

步骤 **1**　单击"文件" | "打开"命令，打开一幅素材图像，选取文字工具并输入相应的文字，如图 9-37 所示。

步骤 **2**　选中文字，单击"窗口" | "文字" | "字符"命令，弹出"字符"浮动面板，单击"设置字体系列"下拉按钮，在弹出的下拉列表中选择需要的字体"隶书"，设置"字体大小"为 14pt，如图 9-38 所示。

输入文字

图 9-37　输入文字

步骤 3 执行上述操作的同时，所选择的文字效果将随之改变，效果如图 9-39 所示。

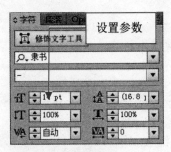

图 9-38 设置参数

图 9-39 文字效果

技巧点拨

在"字符"浮动面板中，除了可以设置字体类型外，还可以设置字体的样式，但该选项主要针对的是英文字体类型。

 设置行距与字距

素材：光盘/素材/第 9 章/匆匆.ai
效果：光盘/效果/第 9 章/技能 195 设置行距与字距.ai
难度：★★☆☆☆
技能核心："行距"与"设置所选字符的字距调整"选项
视频：光盘/视频/第 9 章/技能 195 设置行距与字距.avi
时长：46 秒

实战演练

步骤 1 打开技能 194 的效果图形，选中文字，在"字符"浮动面板中设置"行距" 为 18pt、"所选字符的字距调整" 为 100，如图 9-40 所示。

步骤 2 执行上述操作的同时，图形编辑窗口中的文字效果将随之改变，如图 9-41 所示。

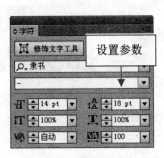

图 9-40 "字符"浮动面板

图 9-41 文字效果

技巧点拨

在"字符"面板中，"设置所选字符的字距调整"选项可以设置整个文本的字符间距；"设置两个字符间字距微调" **VA** 选项可以设置两个字符之间的距离。

技能 196　设置水平和垂直缩放

素材：光盘/素材/第 9 章/生如夏花.jpg	
效果：光盘/效果/第 9 章/技能 196 设置水平和垂直缩放.ai	
难度：★★★☆☆	
技能核心："水平缩放"和"垂直缩放"选项	
视频：光盘/视频/第 9 章/技能 196 设置水平和垂直缩放.avi	
时长：57 秒	

实战演练

步骤 1　单击"文件"｜"打开"命令，打开一幅素材图形，选取文字工具并输入相应的文字，如图 9-42 所示。

步骤 2　选中文字，在"字符"浮动面板中设置"水平缩放" 为 110%、"垂直缩放" 为 110%，如图 9-43 所示。

步骤 3　执行上述操作的同时，图形编辑窗口中的文字效果将随之改变，效果如图 9-44 所示。

图 9-42　输入文字

 技巧点拨

在"字符"浮动面板中，默认状态下 "水平缩放"和"垂直缩放"的数值均为 100%，适当地调整文字的水平或垂直缩放比例可以实现特殊的文本效果，当用户所设置水平缩放和垂直缩放的数值相同时，文本的整体比例将放大，但文本的字号不变。

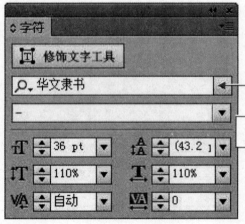

图 9-43　设置参数

图 9-44　文字效果

技能 197　设置基线偏移和字符旋转

素材：光盘/素材/第 9 章/旋转木马.jpg	效果：光盘/效果/第 9 章/技能 197 设置基线偏移和字符旋转.ai
难度：★★★☆☆	技能核心："设置基线偏移"与"字符旋转"选项
视频：光盘/视频/第 9 章/技能 197 设置基线偏移和字符旋转.avi	时长：1 分

实战演练

步骤 1　单击"文件"｜"打开"命令，打开一幅素材图形，选取直排文字工具并输入文字"旋转木马"，然后选中需要设置的文字，如图 9-45 所示。

步骤 2　在"字符"浮动面板中设置"基线偏移"为 12pt、"字符旋转"为-30°，如图 9-46 所示。

步骤 3　执行上述操作的同时，图形编辑窗口中的文字效果随之改变，如图 9-47 所示。

图 9-45　选中文字

图 9-46　设置参数

图 9-47　文字效果

技巧点拨

在设置"基线偏移"时，若输入的数值为正，则文字向上偏移；若为负，则文字向下偏移。设置"字符旋转"时，若输入的数值为正，则文字进行逆时针旋转；若为负，则文字进行顺时针旋转。

技能 198　设置下划线和删除线

素材：光盘/素材/第 9 章/桌球.ai	
效果：光盘/效果/第 9 章/技能 198 设置下划线和删除线.ai	
难度：★★★☆☆	
技能核心："下划线"和"删除线"按钮	
视频：光盘/视频/第 9 章/技能 198 设置下划线和删除线.avi	
时长：1 分 3 秒	

实战演练

步骤 1 单击"文件"｜"打开"命令，打开一幅素材图像，选取文字工具并输入数字，如图 9-48 所示。

步骤 2 选中数字，在"字符"浮动面板中单击"下划线"按钮 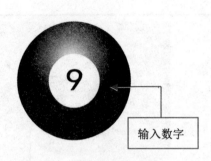，如图 9-49 所示。

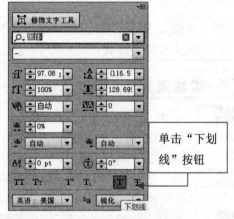

输入数字

单击"下划线"按钮

图 9-48　输入数字　　　　图 9-49　"字符"浮动面板

步骤 3 执行上述操作的同时，即可为数字添加下划线，如图 9-50 所示。

步骤 4 选中数字，再次单击"下划线"按钮，即可取消所添加的下划线；单击"删除线"按钮，即可为数字添加删除线，如图 9-51 所示。

添加下划线

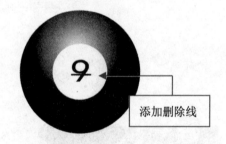

添加删除线

图 9-50　添加下划线　　　　图 9-51　添加删除线

9.4　使用"段落"面板

 设置对齐方式

素材：光盘/素材/第 9 章/书.jpg	效果：光盘/效果/第 9 章/技能 199 设置对齐方式.ai
难度：★★★☆☆	技能核心："右对齐"按钮
视频：光盘/视频/第 9 章/技能 199 设置对齐方式.avi	时长：36 秒

步骤 1 单击"文件"|"打开"命令，打开一幅素材图形，选取文字工具并输入相应的文字，如图9-52所示。

步骤 2 选中文字，单击"窗口"|"文字"|"段落"命令，弹出"段落"浮动面板，单击"右对齐"按钮 ≡，如图9-53所示。

步骤 3 执行上述操作的同时，图形编辑窗口中的文字对齐方式将随之改变，效果如图9-54所示。

图9-52 输入文字

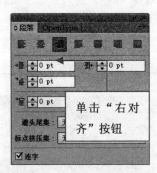

图9-53 "段落"浮动面板

图9-54 文字右对齐效果

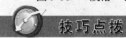 技巧点拨

对直排段落文本进行对齐操作时，不同对齐方式的效果会有所不同。若是左对齐，则直排文本将沿着文本框的上方对齐；若是右对齐，则直排文本将沿着文本框的下方对齐；若是居中对齐，则直排文本将垂直居中而不是水平居中；若两端对齐，则直排文本将纵向拉伸文本框而不是横向拉伸。

技能 200　设置缩进方式

素材：光盘/素材/第9章/书.ai	效果：光盘/效果/第9章/技能200 设置缩进方式.ai
难度：★★☆☆☆	技能核心："首行左缩进"数值框
视频：光盘/视频/第9章/技能200 设置缩进方式.avi	时长：24 秒

步骤 1 打开技能199的效果图形，选中文本内容，并进行相应的属性设置，然后在"段落"浮动面板的"右缩进"数值框中输入50pt，如图9-55所示。

步骤 2 执行上述操作的同时，所选中的文字效果将随之改变，如图9-56所示。

设置参数

图 9-55　输入数值

文字效果

图 9-56　文字效果

 技巧点拨

文本的缩进方式是基于对齐方式进行操作的，若文本是右对齐，则只能设置文本的右缩进，而左缩进和首行左缩进则可以针对左对齐、居中对齐和两端对齐的文本。

技能 201　设置段落间距

素材：光盘/素材/第 9 章/书 1.ai	
效果：光盘/效果/第 9 章/技能 201 设置段落间距.ai	
难度：★★☆☆☆	
技能核心：设置段前间距、段后间距	
视频：光盘/视频/第 9 章/技能 201 设置段落间距.avi	
时长：29 秒	

实战演练

步骤 1　打开技能 200 的效果图形，选中文本内容，在"段落"浮动面板中设置"段前间距"为 6pt、"段后间距"为 5pt，如图 9-57 所示。

步骤 2　执行上述操作的同时，所选中的文字效果将随之改变，如图 9-58 所示。

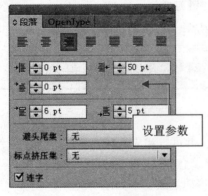

设置参数

图 9-57　"段落"浮动面板

文字效果

图 9-58　文字效果

技巧点拨

选择段落文本后，在"段前间距"或"段后间距"数值框中可以输入正值，也可以输入负值。输入的正值越大，文本段落之间的距离就越大。当输入一定的负值时，各段落的文本会出现重叠的现象。

技能202 调整字距

素材：光盘/素材/第 9 章/花.jpg	
效果：光盘/效果/第 9 章/技能 202 调整字距.ai	
难度：★★★★☆	
技能核心："字距调整"对话框	
视频：光盘/视频/第 8 章/技能 202 调整字距.avi	
时长：57 秒	

实战演练

步骤 1　单击"文件"｜"打开"命令，打开一幅素材图形，选择文字工具并输入文字，在工具属性栏上对文本属性进行相应的设置，然后调整文字的位置，如图9-59 所示。

步骤 2　选中整段文本后，单击"段落"浮动面板右上角的按钮，在弹出的面板菜单中选择"字距调整"选项，弹出"字距调整"对话框，在"字形缩放"选项区中设置"最小值"为90%、"最大值"为110%，再设置"所需值"为110%、"自动行距"为200%，如图9-60 所示。

步骤 3　单击"确定"按钮，所选择的文字效果如图9-61 所示。

图 9-59　输入文字

输入文字

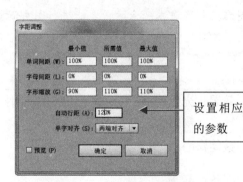

设置相应的参数

图 9-60　"字距调整"对话框

文字效果

图 9-61　文字效果

技巧点拨

在"字距调整"对话框中设置参数时，应当先对"最大值"和"最小值"进行设置，再设置"所需值"，"所需值"的范围在"最大值"和"最小值"之间。

9.5 图文混排

技能 203	制作规则图文混排

素材：光盘/素材/第 9 章/运动.ai	效果：光盘/效果/第 9 章/技能 203 制作规则图文混排.ai
难度：★★★★☆	技能核心："文本绕排"命令
视频：光盘/视频/第 9 章/技能 203 制作规则图文混排.avi	时长：1 分 28 秒

 实战演练

步骤 **1** 新建文档，选取工具箱中的文字工具，在图形编辑窗口中绘制一个文本框并输入文本，单击"文件"|"置入"命令，在弹出的对话框中选取需要置入的文件，单击"置入"按钮，可将文件置入当前文档中，然后调整置入文件的大小与位置，如图 9-62 所示。

步骤 **2** 选中文本和置入的图形，单击"对象"|"文本绕排"|"建立"命令，即可创建规则的图文混排效果，如图 9-63 所示。

图 9-62 置入并调整图形　　　　　　9-63 规则图文混排效果

技巧点拨

在进行图文混排的操作时，一定要注意输入的文本是区域文字或处于文本框中的文字，文本和图形必须置于同一个图层，并且图形只有在文本的上方，才能进行图文混排的操作。

技能 204	制作不规则图文混排

素材：光盘/素材/第 9 章/运动.ai	效果：光盘/效果/第 9 章/技能 204 制作不规则图文混排.ai
难度：★★★☆☆	技能核心："文本绕排"命令
视频：光盘/视频/第 9 章/技能 204 制作不规则图文混排.avi	时长：49 秒

步骤 1 　单击"文件"｜"打开"命令，打开一幅素材图形，如图 9-64 所示。

步骤 2 　选取工具箱中的文字工具，在图形编辑窗口中绘制一个文本框并输入文本，选中人物图形，单击右键"排列"｜"置于顶层"；选中文本和人物图形，单击"对象"｜"文本绕排"｜"建立"命令，即可创建不规则的图文混排效果，如图 9-65 所示。

素材图形

Nothing succeeds lacks confidence.When you are truly confident,it radiates from you like sunlight,and attracts success to you like a magnet.

It's important to believe in yourself.Believe that you can do it under any circumstances,because if you believe you can,then you really will.The belief keeps you searching for an swers,which means that pretty soon you will get them.

Confidence is more than an attitude. It comes from knowing exactly where you are going and exactly how you are going to get there. It comes from acting with integrity and confidence.It comes from a strong sense of our pose.It comes from a strong commi sibility,rather than just let- ting lift self-co One way to develop record thing you fear and to get a ences behind you.

Confidence is compas- sionate not arrogant. Arrogance is born out of fear and insecurity, ty,while confidence comes from strength and integrity.

Confidence is not just believing you can do it. Confidence is knowing you can do it. Know that you are capable of accomplishing anything you want,and live your life with confidence.

Anything can be achieved through focused,determined

不规则图文混排效果

图 9-64　素材图形　　　　　　　　　　图 9-65　不规则图文混排效果

不规则图文混排就是文本与不规则的路径或图形进行的混合排列。

技能 205　编辑和释放图文混排

素材：光盘/素材/第 9 章/运动 1.ai	效果：光盘/效果/第 9 章/技能 205 编辑和释放图文混排.ai
难度：★★☆☆☆	技能核心："文本绕排选项"对话框和"释放"命令
视频：光盘/视频/第 9 章/技能 205 编辑和释放图文混排.avi	时长：47 秒

步骤 1 　打开技能 204 的效果图形，选中人物图形，单击"对象"｜"文本绕排"｜"文本绕排选项"命令，弹出"文本绕排选项"对话框，设置"位移"为15pt，如图 9-66 所示。

步骤 2 　单击"确定"按钮，即可更改图文混排的效果，如图 9-67 所示。

步骤 3 　选中文本和图形后，单击"对象"｜"文本绕排"｜"释放"命令，即可释放图文混排，效果如图 9-68 所示。

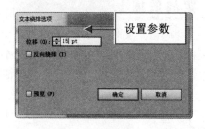

设置参数

图 9-66　"文本绕排选项"对话框

Nothing succeeds lacks confidence. When you are truly confident, it radiates from you like sunlight, and attracts success to you like a magnet.

It's important to believe in yourself. Believe that you can do it you under any circumstances, because if you believe you keeps you can, then you really will. The belief answers, which searching for pretty soon you means that will get them.

Confidence is more than an attitude. It comes from knowing exactly ly where you are going and exactly how you are going to get there. It comes from acting with integrity and confidence. It purpose. It comes from a responsibility, rather than

One way to develop thing you fear and to get a record of successful experiences behind you.

Confidence is coming. It is not arrogant. Ar passionate and understand- and insecurity, while confi- rogance is born out of fear integrity. dence comes from strength and

Confidence is not just believing you can do it. Confidence is knowing you can do it. Know that you are capable of accomplish

更改图文混排效果

图 9-67 更改图文混排效果

Nothing succeeds lacks confidence. When you are truly confi- you like sunlight, and attracts success to you

释放图文混排效果

believe in yourself. Believe that you can do it under any circumstances, because if you believe you can, then you really will. The belief keeps you searching for answers, which means that pretty soon you will get th

Confidence is more than an attit es from knowing exactly where you going a you are going to get there. It comes from and confidence. It comes from a strong sense mes from a strong commitment to take respons rather than just letting life happen.

One way to develop se confidence is to do the thing you fear and to get a record of successful experiences behind you.

Confidence is compass e and understanding. It is not arrogant. Arrogance is born of fear and insecurity, while confidence comes from strength integrity.

Confidence is not just beli ing you can do it. Confidence is knowing you can do it. Know th you are capable of accomplishing anything you want, and live our life with confidence.

Anything can be achieved through focused, determined effort and self-confidence. If your life is not what you want it to be, you have the power to change it, and you must make the changes on a moment by moment basis. Live your priorities. Live with your goals and your plan of action. Live each moment with

图 9-68 释放图文混排效果

技巧点拨

在"文本绕排选项"对话框中，"位移"的作用主要是设置图形与文本混排时的距离，输入的数值越大，图形与文本混排时的距离就越大。

另外，若选中对话框中的"反向绕排"复选框，不论是在规则图文混排或不规则图文混排中，图形上方和下方都将以白色区域显示，而文本将置于图形的控制框中。

技能 206　设置文本分栏

素材：	光盘/素材/第 9 章/生活.ai
效果：	光盘/效果/第 9 章/技能 206 设置文本分栏.ai
难度：	★★★★☆
技能核心：	"区域文字选项"对话框
视频：	光盘/视频/第 9 章/技能 206 设置文本分栏.avi
时长：	1 分 19 秒

实战演练

步骤 **1**　单击"文件"｜"打开"命令，打开一幅素材图形，选取文字工具并绘制一个合适大小的文本框，在工具属性栏上设置相应的属性并输入文字，如图 9-69 所示。

步骤 **2**　选中文本框，单击"文字"｜"区域文字选项"命令，弹出"区域文字选项"对话框，设置"宽度"为 105mm、"高度"为 57mm，在"行"选项区中设置"数量"为 3、"跨距"为

输入文字

图 9-69　输入文字

15mm、"间距"为6mm，在"位移"选项区中设置"内边距"为0.5mm，如图9-70所示。

步骤 3 单击"确定"按钮，图形编辑窗口中即可显示分栏后的文字效果，如图9-71所示。

图9-70 "区域文字选项"对话框

图9-71 文本分栏效果

 技巧点拨

文本分栏操作针对被选择的整个段落文本，它不能单独地对某一部分文字进行分栏操作，也不能对路径文本进行分栏操作。另外，在"区域文字选项"对话框中，若分别选中"行"和"列"选项区中的"固定"复选框，不论怎样调整文本框的大小，栏与栏之间所设置的行和列的跨距是不变的。

技能207 创建轮廓

素材：	光盘/素材/第9章/最初的梦想.jpg
效果：	光盘/效果/第9章/技能207 创建轮廓.ai
难度：	★★★★★
技能核心：	"创建轮廓"命令
视频：	光盘/视频/第9章/技能207 创建轮廓.avi
时长：	35秒

实战演练

步骤 1 单击"文件"|"打开"命令，打开一幅素材图形，选取文字工具并输入文字，如图9-72所示。

步骤 2 单击选择工具选中文字，单击"文字"|"创建轮廓"命令，即可将文字转化为轮廓，如图9-73所示。

输入文字

转化为轮廓

图 9-72　输入文字　　　　　　　　　图 9-73　转化为轮廓

 技巧点拨

对文字创建轮廓的方法还有以下两种：

- 按【Shift+Ctrl+O】组合键。
- 在图形窗口中单击鼠标右键，在弹出的快捷菜单中选择"创建轮廓"选项。

创建和编辑图表

10

在实际工作中，人们经常使用图表来表示各种数据的统计结果，从而得到更加准确、直观的视觉效果。Illustrator CC 不仅提供了丰富的图表类型，还可以对所创建的图表进行数据设置、类型更改以及参数设置等编辑操作。

本章主要介绍创建图表、应用图表工具和编辑图表的操作技巧。

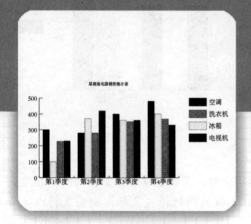

10.1 创建图表

技能 208 直接创建图表

素材：无	效果：无
难度：★★★★★	技能核心：单击鼠标左键并拖曳
视频：光盘/视频/第 10 章/技能 208 直接创建图表.avi	时长：2 分

实战演练

步骤 1　新建文档，选取工具箱中的柱形图工具，将鼠标指针移至图形编辑窗口中，当鼠标指针呈形状时，单击鼠标左键并拖曳，此时将会显示一个矩形框，矩形框的长度和宽度即是图表的长度和宽度，释放鼠标后，将弹出一个图表数据窗口，在其中输入相应的数据，如图 10-1 所示。

步骤 2　数据输入完毕后，单击"应用"按钮，即可创建数据图表，如图 10-2 所示。

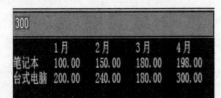

图 10-1　输入数据

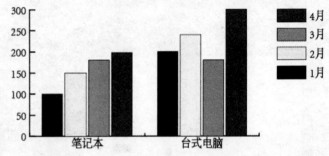

图 10-2　创建图表

技巧点拨

使用图表工具在图形编辑窗口中直接创建图表时，若按住【Shift】键的同时拖曳鼠标，可以绘制一个正方形的图表；若按住【Alt】键的同时拖曳鼠标，则图表将以鼠标单击点为中心，向四周扩展以创建图表。

技能 209 精确创建图表

素材：无	效果：无
难度：★★★★★	技能核心：单击鼠标左键
视频：光盘/视频/第 10 章/技能 209 精确创建图表.avi	时长：48 秒

实战演练

步骤 1　新建文档，选取工具箱中的柱形图工具，将鼠标指针移至图像编辑窗口中，

当鼠标指针呈 形状时，单击鼠标左键，弹出"图表"对话框，设置"宽度"为 100mm、"高度"为 60mm，如图 10-3 所示。

步骤 2 单击"确定"按钮，弹出图表数据窗口，在其中输入相应的数据，如图 10-4 所示。

步骤 3 数据输入完毕后，单击"应用"按钮 ✓，即可创建数据图表，如图 10-5 所示。

图 10-3 "图表"对话框

图 10-4 输入数据

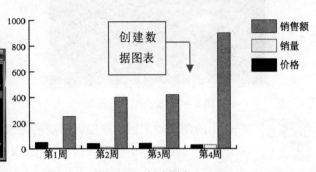

图 10-5 创建图表

技巧点拨

在图表数据窗口中输入数据时，如果按【Enter】键，光标将会自动跳至同一列的下一个单元格；若按【Tab】键，则光标将会自动跳至同一行的下一个单元格上；使用键盘上的方向键，也可以移动光标的位置；在需要输入数据的单元格上单击鼠标左键，也可以激活单元格。

10.2 应用图表工具

技能 210 柱形图工具

素材：无	效果：光盘/效果/第 10 章/技能 210 柱形图工具.ai
难度：★★★★★	技能核心：柱形图工具
视频：光盘/视频/第 10 章/技能 210 柱形图工具.avi	时长：3 分 23 秒

实战演练

步骤 1 新建文档，选取文字工具并输入相应的文字，将鼠标指针移至"柱形图工具"图标上 ，双击鼠标左键，弹出"图表类型"对话框，选择"图表选项"下拉列表框中的"数值轴"选项，选中"忽略计算出的值"复选框，设置"最大值"为 500、"刻度"为 5，如图 10-6 所示。

步骤 2 单击"确定"按钮，在图形编辑窗口中绘制一个合适大小的矩形框，释放鼠标，即可在图像编辑窗口中创建一个图表坐标轴，如图 10-7 所示。

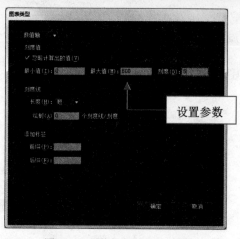

图 10-6 "图表类型"对话框

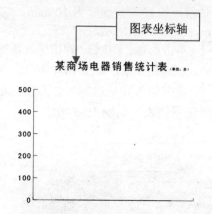

图 10-7 图表坐标轴

步骤 **3** 在弹出的图表数据窗口中输入需要的图表数据，如图 10-8 所示。

步骤 **4** 数据输入完毕后，单击"应用"按钮 ✓，即可创建柱形图表，如图 10-9 所示。

图 10-8 输入数据

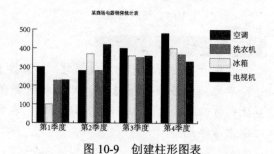

图 10-9 创建柱形图表

技能 211 条形图工具

素材：无	
效果：光盘/效果/第 10 章/技能 211 条形图工具.ai	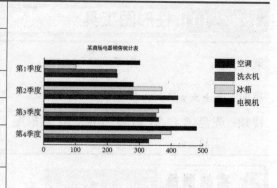
难度：★★★★☆	
技能核心：条形图工具	
视频：光盘/视频/第 10 章/技能 211 条形图工具.avi	
时长：1 分 5 秒	

实战演练

步骤 **1** 新建文档，选取文字工具并输入相应的文字，在"条形图工具"图标 上双击鼠标左键，在弹出的"图表类型"对话框中设置相应的"数值轴"参数，参数参照上图 10-6 所示，单击"确定"按钮，在图形窗口中创建一个合适大小的图表坐标轴，如图 10-10 所示。

步骤 **2** 在弹出的图表数据窗口中输入与技能 210 相同的数据，输入完毕后，单击"应用"

按钮，即可创建条形图表，如图 10-11 所示。

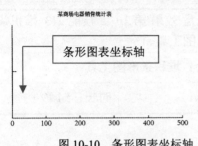

图 10-10 条形图表坐标轴

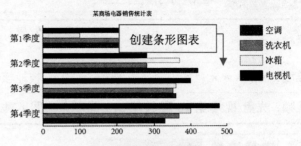

图 10-11 创建条形图表

技巧点拨

在 Illustrator CC 中，用户可以对所创建的图表中的元素进行单独的编辑。创建图表后，使用直接选择工具选中相应的图形，即可对其进行相应的属性设置。

技能 212 堆积柱形图工具

素材：无	效果：光盘/效果/第 10 章/技能 212 堆积柱形图工具.ai
难度：★★★★☆	技能核心：堆积柱形图工具
视频：光盘/视频/第 10 章/技能 212 堆积柱形图工具.avi	时长：2 分 24 秒

实战演练

步骤 1 新建文档，选取文字工具并输入相应的文字，在"堆积柱形图工具"图标上双击鼠标左键，在弹出的"图表类型"对话框中设置合适的"数值轴"参数，单击"确定"按钮，在图形编辑窗口中绘制一个合适大小的图表坐标轴，在弹出的图表数据窗口中输入需要的图表数据，如图 10-12 所示。

步骤 2 数据输入完毕后，单击"应用"按钮，即可创建堆积柱形图表，如图 10-13 所示。

图 10-12 输入数据

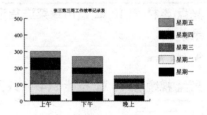

图 10-13 堆积柱形图表

技巧点拨

在图表数据窗口中输入数据后，直接单击数据窗口右上角的"关闭"按钮，将会弹出提示信息框，询问用户是否存储更改的图表数据，若单击"是"按钮，则系统将按照输入的数据创建图表；若单击"否"按钮，则系统将取消数据的输入；若单击"取消"按钮，则取消关闭图表数据窗口的操作，返回数据的输入状态。

技能 213 堆积条形图工具

素材：无	效果：光盘/效果/第 10 章/技能 213 堆积条形图工具.ai
难度：★★★★★	技能核心：堆积条形图工具
视频：光盘/视频/第 10 章/技能 213 堆积条形图工具.avi	时长：54 秒

⬈ 实战演练

步骤 1　新建文档，选取文字工具并输入相应的文字，在"堆积条形图工具"图标 上 双击鼠标左键，在弹出的"图表类型"对话框中设置相应的"数值轴"参数，单击"确定" 按钮，在图形编辑窗口中绘制一个合适大小的图表坐标轴，如图 10-14 所示。

步骤 2　在弹出的图表数据窗口中输入与技能 212 相同的图表数据，输入完毕后，单击"应 用"按钮 ✓，即可创建堆积条形图表，如图 10-15 所示。

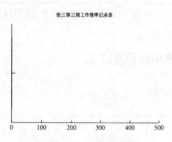

图 10-14　图表坐标轴

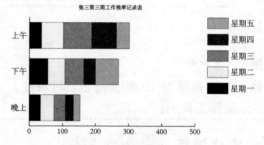

图 10-15　堆积条形图表

🧭 技巧点拨

在图表数据窗口中输入数据且应用于图表中，若单击"换位行/列"按钮 ，则行 与列中的数据将进行互换。

技能 214 折线图工具

素材：光盘/素材/第 10 章/超市蔬菜进货记录单.txt	效果：光盘/效果/第 10 章/技能 214 折线图工具.ai
难度：★★★★★	技能核心：折线图工具
视频：光盘/视频/第 10 章/技能 214 折线图工具.avi	时长：1 分 19 秒

⬈ 实战演练

步骤 1　新建文档，选取文字工具并输入相应的文字，在"折线图工具"图标 上双击 鼠标左键，在弹出的"图表类型"对话框中设置需要的"数值轴"参数，单击"确定"按 钮，在图形编辑窗口中绘制一个合适大小的图表坐标轴，如图 10-16 所示。

步骤 2　在弹出的图表数据窗口中单击"导入数据"按钮 ，在弹出的"导入图表数据" 对话框中选择需要的文件，如图 10-17 所示。

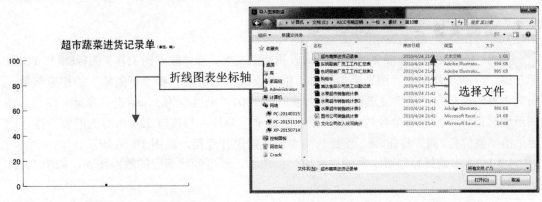

图 10-16　图表坐标轴　　　　　　　　　图 10-17　"导入图表数据"对话框

步骤 3　单击"打开"按钮，即可将文件中的数据导入图表数据窗口中，如图 10-18 所示。

步骤 4　单击数据窗口右上角的"应用"按钮 ✔，即可创建相应的折线图表，如图 10-19 所示。

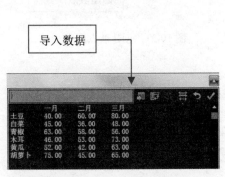

图 10-18　导入数据

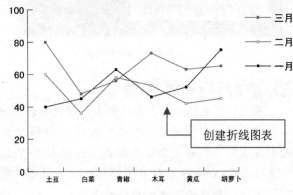

图 10-19　创建折线图表

技巧点拨

在 Illustrator CC 中，如果需要将数据导入图表数据窗口中，其文件格式必须是文本格式，在导入的文本中，数据之间必须有间距，否则导入的数据会很乱。

技能215　散点图工具

素材：光盘/素材/第 10 章/超市蔬菜进货记录单.txt	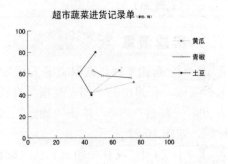
效果：光盘/效果/第 10 章/技能 215 散点图工具.ai	
难度：★★★★☆	
技能核心：散点图工具	
视频：光盘/视频/第 10 章/技能 215 散点图工具.avi	
时长：1 分 30 秒	

实战演练

步骤 1　新建文档，选取文字工具并输入相应的文字，在"散点图工具"图标上双击鼠标左键，分别在弹出的"图表类型"对话框中设置"数值轴"和"下侧轴"的相应参数，勾选"忽略计算出的值"复选框，"最大值"为100，"刻度"为5，单击"确定"按钮，在图形编辑窗口中绘制一个合适大小的图表坐标轴，并导入与技能214相同的图表数据，然后单击"换位行/列"按钮，使行与列中的数据进行互换，如图10-20所示。

步骤 2　单击数据窗口右上角的"应用"按钮，即可创建相应的散点图表，如图10-21所示。

图10-20　互换行与列中的数据

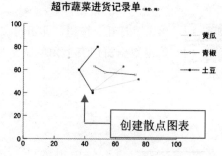

图10-21　创建散点图表

 技巧点拨

利用"散点图工具"创建的是一种比较特殊的数据图表，主要用于数学的数理统计和科学数据的数值比较。散点图表的X轴和Y轴是数据坐标轴，在两组数据值的交汇处形成坐标点，每个坐标点都是通过X轴和Y轴进行定位的，通过数据的变化趋势可以直接查看X轴和Y轴之间的相对性。因此，用户在创建图表时需要对"下侧轴"选项区中的"刻度值"进行相应的设置。

技能 216　面积图工具

素材：光盘/素材/第10章/文化公司收入状况统计.xls	效果：光盘/效果/第10章/技能216 面积图工具.ai
难度：★★★★★	技能核心：面积图工具
视频：光盘/视频/第10章/技能216 面积图工具.avi	时长：1分29秒

实战演练

步骤 1　新建文档，选取文字工具并输入相应的文字，在"面积图工具"图标上双击鼠标左键，在弹出的"图表类型"对话框中设置相应的"数值轴"参数，设置"最大值"为300，"刻度"为5，单击"确定"按钮，在图形编辑窗口中绘制一个合适大小的图表坐标轴，如图10-22所示。

步骤 2　打开"文化公司收入状况统计.xls"文件，选中需要复制的数据区域，如图10-23所示。

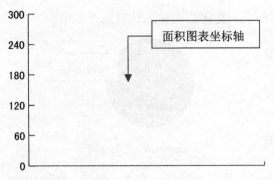

图 10-22　图表坐标轴

图 10-23　选择区域

	A	B	C	D
1	文化公司收入状况统计（单位：万元）			
2		2007年	2008年	2009年
3	第一季度	61	89	88
4	第二季度	55	81	57
5	第三季度	62	70	75
6	第四季度	42	75	78
7				

步骤　3　按【Ctrl+C】组合键将单元格的数据复制，返回到图表文档中，选中图表数据窗口中的第一个单元格，按【Ctrl+V】组合键，即可将数据粘贴至图表数据窗口中，如图 10-24 所示。

步骤　4　单击数据窗口右上角的"应用"按钮✔，即可创建相应的面积图表，如图 10-25 所示。

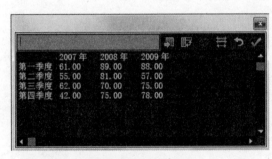

图 10-24　粘贴数据

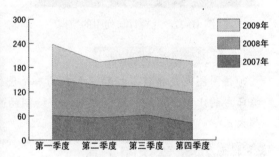

图 10-25　创建面积图表

　技巧点拨

在图表数据窗口中进行数据的输入时，用户也可以将制作在电子表格或文本文件中的数据复制并粘贴于 Illustrator CC 中的图表数据窗口中，同时，图表数据窗口中的数据也可以直接在数据窗口中进行复制、粘贴或剪切等操作。

技能 217　饼图工具

素材：光盘/素材/第 10 章/文化公司收入状况统计.xls	效果：光盘/效果/第 10 章/技能 217 饼图工具.ai
难度：★★★★★	技能核心：饼图工具
视频：光盘/视频/第 10 章/技能 217 饼图工具.avi	时长：1 分 9 秒

步骤 1 新建文档，选取文字工具并输入相应的文字，选取工具箱中的饼图工具 ，在图形编辑窗口中绘制一个合适大小的饼图，如图 10-26 所示。

步骤 2 在弹出的图表数据窗口中粘贴与技能 216 相同的图表数据，并单击"换位行/列"按钮 ，使行与列中的数据进行互换，如图 10-27 所示。

步骤 3 单击数据窗口右上角的"应用"按钮 ，即可创建相应的饼图图表，如图 10-28 所示。

文化公司收入状况统计 (单位：万元)

绘制饼图

图 10-26 绘制饼图

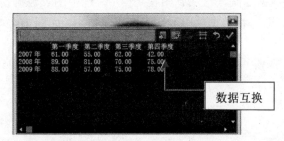

	第一季度	第二季度	第三季度	第四季度
2007 年	61.00	55.00	62.00	42.00
2008 年	89.00	81.00	70.00	75.00
2009 年	88.00	57.00	75.00	78.00

数据互换

图 10-27 互换行与列中的数据

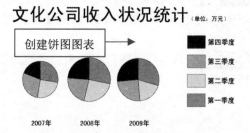

文化公司收入状况统计 (单位：万元)

创建饼图图表

■ 第四季度
■ 第三季度
□ 第二季度
■ 第一季度

2007年　2008年　2009年

图 10-28 创建饼图图表

🧭 **技巧点拨**

饼图图表是指将数据的总和作为一个圆饼形来表示，并用不同的颜色来表示各组数据所占的比例。在绘制圆饼形时，若绘制的面积越大，则每组数据的圆饼形的面积也就越大。

技能 218 | 雷达图工具

素材：光盘/素材/第 10 章/图书公司销售统计表.xls	效果：光盘/效果/第 10 章/技能 218 雷达图工具.ai
难度：★★★★☆	技能核心：雷达图工具
视频：光盘/视频/第 10 章/技能 218 雷达图工具.avi	时长：1 分 32 秒

步骤 1 新建文档，选取文字工具并输入相应的文字，在"雷达图工具"图标 上双击鼠标左键，在弹出的"图表类型"对话框中设置相应的"数值轴"参数，设置"最大值"为 400，"刻度"为 5，单击"确定"按钮，在图形编辑窗口中绘制一个合适大小的图表坐标轴，如图 10-29 所示。

步骤 2 打开"图书公司销售统计表.xls"文件，选中需要复制的区域，如图 10-30 所示。

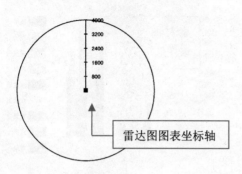

图 10-29　图表坐标轴

	A	B	C	D
1	某图书公司销售统计表（单位：万册）			
2		2007年	2008年	2009年
3	PS	1012	1554	2230
4	AI	1205	1457	2680
5	3D	1210	1814	3100
6	CAD	1545	1751	3045
7	Corel	1815	2124	2400
8	Word	1602	2745	3024
9	Excel	1708	2410	2250

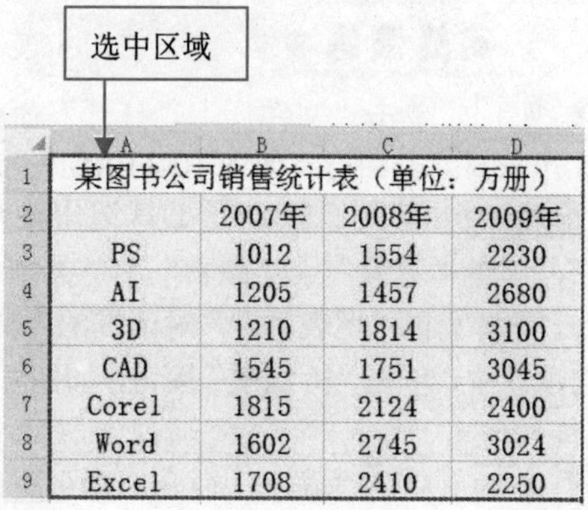

图 10-30 选中区域

步骤 3　选中图表数据中第一个单元格，粘贴到至图表数据窗口中，如图 10-31 所示。

步骤 4　单击数据窗口右上角的“应用”按钮✓，即可创建相应的雷达图表，如图 10-32 所示。

	2007 年	2008 年	2009 年
PS	1012.00	1554.00	2230.00
AI	1205.00	1457.00	2680.00
3D	1210.00	1814.00	3100.00
CAD	1545.00	1751.00	3045.00
Corel	1815.00	2124.00	2400.00
Word	1602.00	2745.00	3024.00
Excel	1708.00	2410.00	2250.00

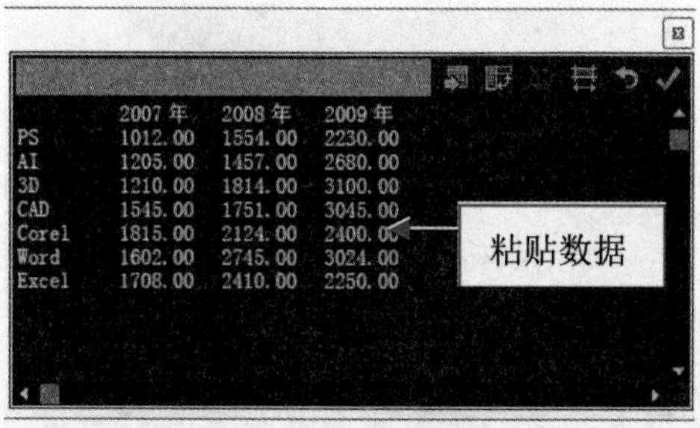

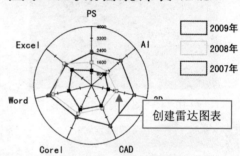

图 10-31　导入数据

图 10-32　创建雷达图表

技巧点拨

雷达图表是一种以环形方式对各组数据进行比较的图表，它可以将一组数据以其数值的大小在刻度尺上标注成数值点，然后通过直线将各数值点连接起来，若某一组的数值越大，则距离雷达外缘就越近。

10.3　编辑图表

技能 219　更改图表的类型

素材：光盘/素材/第 10 章/水果超市销售统计表.ai	效果：光盘/效果/第 10 章/技能 219 更改图表类型.ai
难度：★★★★★	技能核心：“折线图”按钮
视频：光盘/视频/第 10 章/技能 219 更改图表类型.avi	时长：1 分 7 秒

↗ **实战演练**

步骤 1 单击"文件"|"打开"命令，打开一幅图表图形，如图 10-33 所示。

步骤 2 使用直接选择工具选中柱形图表，单击"对象"|"图表"|"类型"命令，在弹出的"图表类型"对话框的"类型"选项区中，单击"折线图"按钮，如图 10-34 所示。

步骤 3 单击"确定"命令，即可更改图表的类型，如图 10-35 所示。

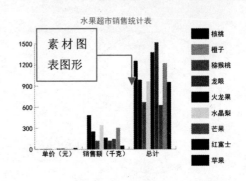

图 10-33　图表图形

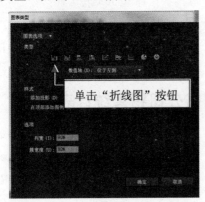

图 10-34　"图表类型"对话框

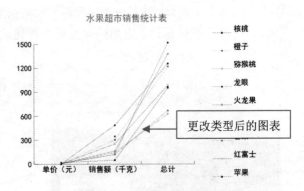

图 10-35　更改类型后的图表

🧭 **技巧点拨**

编辑图表的操作主要通过"图表类型"对话框来实现，选中图表并单击鼠标右键，在弹出的快捷菜单中选择"类型"选项，或者在相应的图表工具上双击鼠标左键，都可以打开"图表类型"对话框。

技能 220 **设置图表数值轴位置**

素材：光盘/素材/第 10 章/水果超市销售统计表 2.ai	效果：光盘/效果/第 10 章/技能 220 设置图表数值轴位置.ai
难度：★★☆☆☆	技能核心：设置数值轴
视频：光盘/视频/第 10 章/技能 220 设置图表数值轴位置.avi	时长：36 秒

↗ **实战演练**

步骤 1 打开技能 219 的效果图形，选中图表图形并单击鼠标右键，在弹出的快捷菜单中选择"类型"选项，在弹出的"图表类型"对话框中设置"数值轴"为"位于两侧"，如图 10-36 所示。

步骤 2 单击"确定"按钮，即可完成数值轴位置的设置，效果如图 10-37 所示。

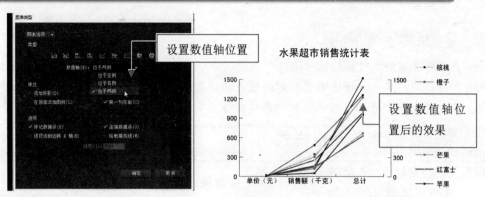

图 10-36　"图形类型"对话框　　　　　图 10-37　图形效果

 技巧点拨

在"数值轴"下拉列表框中，若图表类型是散点图表，则"数值轴"下拉列表中只有"位于左侧"和"位于两侧"两个选项；若是饼图图表，则数值轴选项呈灰色；若为雷达图表，则只有"位于每侧"选项。

技能 221　设置图表选项

素材：光盘/素材/第 10 章/水果超市销售统计表 3.ai	效果：光盘/效果/第 10 章/技能 221 设置图表选项.ai
难度：★★ ☆ ☆ ☆	技能核心："选项"选项区
视频：光盘/视频/第 10 章/技能 221 设置图表选项.avi	时长：50 秒

实战演练

步骤 **1**　打开技能 220 的效果图形，选中图表图形并单击鼠标右键，在弹出的快捷菜单中选择"类型"选项，在弹出的"图表类型"对话框的"选项"选项区中，分别选中"线段边到边跨 X 轴"和"绘制填充线"复选框，并设置"线宽"为 2pt，如图 10-38 所示。

步骤 **2**　单击"确定"按钮，即可将设置的选项应用于图表中，如图 10-39 所示。

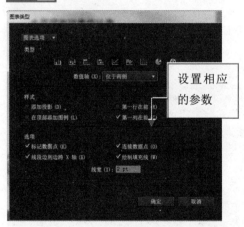

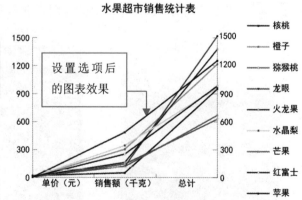

图 10-38　"图表类型"对话框　　　　图 10-39　设置选项后的图表效果

技巧点拨

在"图表类型"对话框的"选项"选项区中，对于不同的图表，其选项区中的选项也会有所有同。其中，折线图表和雷达图表的"选项"选项区相同，在"选项"选项区中，若取消选择"标记数据点"和"连接数据点"复选框，则图表中将没有数据显示。

技能 222 设置单元格样式

素材：光盘/素材/第 10 章/东明服装厂员工工作汇总表.ai	效果：无
难度：★★☆☆☆	技能核心："单元格样式"对话框
视频：光盘/视频/第 10 章/技能 222 设置单元格样式.avi	时长：53 秒

实战演练

步骤 1 单击"文件" | "打开"命令，打开一幅素材图表图形，如图 10-40 所示。

步骤 2 选中图表并单击鼠标右键，在弹出的快捷菜单中选择"数据"选项，弹出图表数据框，将鼠标指针移至"单元格样式"按钮 上，如图 10-41 所示。

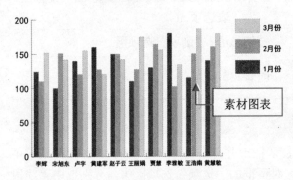

图 10-40 素材图表

图 10-41 图表数据窗口

步骤 3 单击鼠标左键，弹出"单元格样式"对话框，设置"小数位数"为 0、"列宽度"为 10，如图 10-42 所示。

步骤 4 单击"确定"按钮，即可改变图表数据窗口中的单元格样式，如图 10-43 所示。

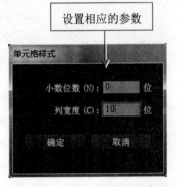

图 10-42 "单元格样式"对话框

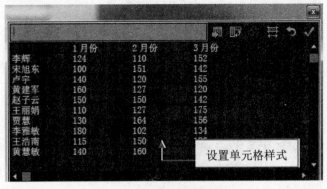

图 10-43 设置单元格样式

技巧点拨

调出图表数据窗口除了单击鼠标右键选择"数据"选项外，还可以在选中图表后，单击"对象"｜"图表"｜"数据"命令；另外，将鼠标指针移至列与列之间的网格线上，单击鼠标左键并拖曳，可以调整单元格的宽度。

技能223 修改图表数据

素材：光盘/素材/第 10 章/东明服装厂员工工作汇总表.ai	效果：光盘/效果/第 10 章/技能 223 修改图表数据.ai
难度：★★☆☆☆	技能核心：更改数据
视频：光盘/视频/第 10 章/技能 223 修改图表数据.avi	时长：55 秒

实战演练

步骤 1 打开技能 222 的素材图形，在图表数据窗口中选中需要更改数据的单元格，在数值框中修改数据，如图 10-44 所示。

步骤 2 数据修改完毕后，单击"应用"按钮，即可将修改的数据应用于图表中，如图 10-45 所示。

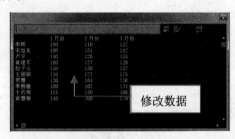

图 10-44　修改数据

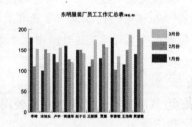

图 10-45　修改图表数据后的效果

技巧点拨

对图表数据窗口中的数据进行修改后，如果单击"恢复"按钮，即可将所有已修改的数据恢复至修改前的数值，若用户已经将更改应用于图表中，则"恢复"按钮将无法使用。

技能224 设置图表样式

素材：光盘/素材/第 10 章/东明服装厂员工工作汇总表 2.ai	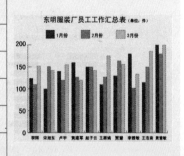
效果：光盘/效果/第 10 章/技能 224 设置图表样式.ai	
难度：★★☆☆☆	
技能核心："样式"选项区	
视频：光盘/视频/第 10 章/技能 224 设置图表样式.avi	
时长：50 秒	

实战演练

步骤 1　打开技能 223 的效果图形，选中图表，单击鼠标右键，选择"类型"选项，在弹出的"图表类型"对话框的"样式"选项区中选中"在顶部添加图例"复选框，如图 10-46 所示。

步骤 2　单击"确定"按钮，即可将设置的样式应用于当前图表中，效果如图 10-47 所示。

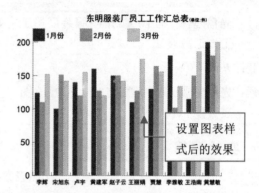

图 10-46　选中相应的复选框　　　图 10-47　设置图表样式后的效果

技巧点拨

在"图表类型"对话框中所有的图表工具的"样式"选项区都是相同的。其中，"第一行在前"和"第一列在前"复选框，只有当"选项"选项区中的"列宽"大于 100% 和"群集宽度"大于 120% 时，图表上才出现明显的效果。

技能 225　设置图表元素

素材：光盘/素材/第 10 章/美达食品公司员工出勤记录.ai	效果：光盘/效果/第 10 章/技能 225 设置图表元素.ai
难度：★★★☆☆	技能核心："图形样式"面板
视频：光盘/视频/第 10 章/技能 225 设置图表元素.avi	时长：1 分 23 秒

实战演练

步骤 1　单击"文件"｜"打开"命令，打开一幅图表图形，如图 10-48 所示。

步骤 2　在图表图形中使用直接选择工具选中同一颜色的图形，单击"窗口"｜"图形样式库"｜"涂抹效果"命令，弹出"涂抹效果"浮动面板，在"涂抹效果"样式库中，选中一种涂抹样式，如图 10-49 所示。

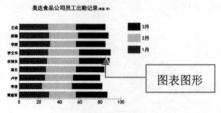

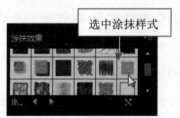

图 10-48　图表图形　　　　　　　图 10-49　选中涂抹样式

技巧点拨

不同的图表所显示的图形属性也不相同。用户在图表中选中一个需要编辑的图形后，单击"选择"｜"相同"命令，在弹出的子菜单中选择相应的选项，即可选中相应的图形。

步骤 3　执行上述操作的同时，所选择图形的样式将随之改变，效果如图 10-50 所示。

步骤 4　用与上述相同的方法，改变其他图形的样式，效果如图 10-51 所示。

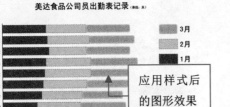

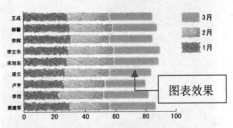

图 10-50　图形效果

图 10-51　图表效果

技能 226　自定义图表图案

素材：光盘/素材/第 10 章/美达食品公司员工出勤记录.ai、购物车.ai	效果：光盘/效果/第 10 章/技能 226 自定义图表图案.ai
难度：★★★★★	技能核心："图表设计"对话框
视频：光盘/视频/第 10 章/技能 226 自定义图表图案.avi	时长：2 分 40 秒

实战演练

步骤 1　单击"文件"｜"打开"命令，打开一幅素材图形，如图 10-52 所示。

步骤 2　选中图形，将其复制并粘贴于技能 225 的素材文件中，确认图形处于选中状态，单击"对象"｜"图表"｜"设计"命令，弹出"图表设计"对话框，单击"新建设计"按钮，此时，在预览框中将显示自定义的图案，单击"重命名"按钮，弹出"重命名"对话框，在"名称"文本框中输入新名称，单击"确定"按钮，返回"图表设计"对话框，如图 10-53 所示。

图 10-52　素材图形

图 10-53　"图表设计"对话框

步骤 3　单击"确定"按钮,在图形编辑窗口中选中需要应用自定义图案的图形,单击"对象"|"图表"|"柱形图"命令,弹出"图表列"对话框,在"选取列设计"列表中选择自定义的图案名称,设置"列类型"为"一致缩放",取消选择"旋转图例设计"复选框,如图 10-54 所示。

步骤 4　单击"确定"按钮,即可将自定义的图案应用于图表中,如图 10-55 所示。

图 10-54　设置相应的参数

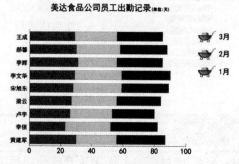

图 10-55　应用图案

 技巧点拨

　　在"图表列"对话框的"列类型"下拉列表框中,提供了 4 种图案的显示状态。若选择"垂直缩放"选项,则自定义图案将在垂直方向上产生缩放效果;若选择"重复堆叠"选项,则在垂直方向上将堆叠多个自定义图案;若选择"局部缩放"选项,则在自定义图案中将进行局部缩放操作。

外观、图形样式与动作的应用 11

在使用 Illustrator CC 2015 编辑图形的过程中，结合"外观""图形样式"以及"动作"面板可以更加方便地绘制图形，并且能够为图形添加一些特殊的外观效果。

"外观面板"可以说是对象的填充、描边、图形样式以及效果的管理器，可以为对象编辑外观属性，也可以添加效果。图形样式是一组可反复使用的外观属性，图形样式不仅可以应用于图形，还可以应用于组和图层。"动作"面板中的记录功能，可以将一系列的命令组成一个动作来完成相应的任务，从而提高工作效率。

本章主要介绍使用"外观"面板、"图形样式"面板、图形样式库和应用"动作"面板的操作技巧。

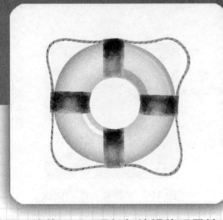

11.1 应用"外观"面板

技能 227 添加与编辑外观属性

素材：光盘/素材/第 11 章/乘用车.ai	
效果：光盘/效果/第 11 章/技能 227 添加与编辑外观属性.ai	
难度：★★★★★	
技能核心："添加新填色"按钮	
视频：光盘/视频/第 11 章/技能 227 添加与编辑外观属性.avi	
时长：1 分 19 秒	

↗ 实战演练

步骤 1 单击"文件"|"打开"命令，打开一幅素材图形，选取文字工具并输入相应的文字，如图 11-1 所示。

步骤 2 选中文字，单击"窗口"|"外观"命令，调出"外观"浮动面板，将鼠标指针移至"添加新填色"按钮 ◻ 上，如图 11-2 所示。

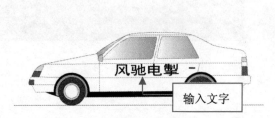

图 11-1 输入文字　　　　　　　　图 11-2 "外观"浮动面板

步骤 3 单击鼠标左键，即可添加"填色"和"描边"两个外观属性项目，单击"填色"颜色块右侧的下拉按钮，在弹出的颜色面板中选择需要填充的颜色，如图 11-3 所示。

步骤 4 执行上述操作的同时，所选择文字的外观颜色也将随之改变，如图 11-4 所示。

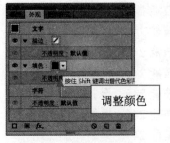

图 11-3 调整颜色　　　　　　　　图 11-4 改变文字外观

技能 228　复制外观属性

素材：光盘/素材/第 11 章/乘用车 1.ai	
效果：光盘/效果/第 11 章/技能 228 复制外观属性.ai	
难度：★★★★★	
技能核心："复制所选项目"按钮	
视频：光盘/视频/第 11 章/技能 228 复制外观属性.avi	
时长：1 分 14 秒	

实战演练

步骤 1　打开技能 227 的效果图形，在图形编辑窗口中选中车身，在"外观"浮动面板中选择"填色"外观属性项目，单击面板底部的"复制所选项目"按钮 ，即可复制该项目，如图 11-5 所示。

步骤 2　设置所复制项目的"填色"为灰色，执行操作的同时，所选择图形的颜色也将随之改变，效果如图 11-6 所示。

步骤 3　用与上述相同的方法，改变文字的外观属性，如图 11-7 所示。

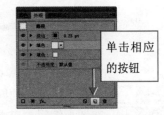

单击相应的按钮

图 11-5　复制外观属性项目

改变图形外观

图 11-6　改变图形外观

改变外观属性后的效果

图 11-7　改变外观属性后的效果

　技巧点拨

复制外观属性项目还有以下两种方法：

● 选中需要复制的外观属性项目，单击面板右上角的■按钮，在弹出的面板菜单中选择"复制项目"选项即可。

● 直接将需要复制的外观属性拖动到面板中的"复制所选项目"按钮上。

技能 229　隐藏和删除外观属性

素材：光盘/素材/第 11 章/广告牌.ai	效果:光盘/效果/第 11 章/技能 229 隐藏和删除外观属性.ai
难度：★★★★★	技能核心："单击以切换可视性"图标和"删除所选项目"按钮
视频：光盘/视频/第 11 章/技能 229 隐藏和删除外观属性.avi	时长：59 秒

实战演练

步骤 1   单击"文件"|"打开"命令，打开一幅素材图形，选中需要隐藏外观属性的图形，如图 11-8 所示。

步骤 2   单击"填色"外观属性项目前的"单击以切换可视性"图标，如图 11-9 所示。

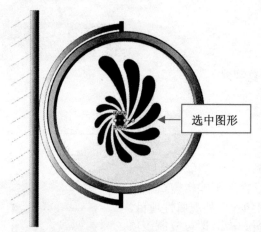

图 11-8   选中图形   图 11-9   单击"单击以切换可视性"图标

步骤 3   执行上述操作的同时，所选图形的填色外观属性即被隐藏，如图 11-10 所示。

步骤 4   在图形编辑窗口中选中需要删除外观属性的图形，在"外观"浮动面板中选中需要删除的外观属性项目，单击面板底部的"删除所选项目"按钮■，即可将所选择图形的外观属性删除，效果如图 11-11 所示。

图 11-10   隐藏描边外观属性   图 11-11   删除外观属性

 技巧点拨

    在面板中选中需要删除的外观属性项目，单击面板右上角的■按钮，在弹出的面板菜单中选择"移去项目"选项，即可删除所选择的外观属性项目。另外，若用户在选择外观属性项目后，直接按【Delete】键，则删除的只是所选择的图形，而不是图形的外观属性。

技能 230　更改图形外观属性

素材：光盘/素材/第 11 章/咖啡杯 .ai
效果：光盘/效果/第 11 章/技能 230 更改外观属性类型.ai
难度：★★★★★
技能核心："外观"面板
视频：光盘/视频/第 11 章/技能 230 更改外观属性类型.avi
时长：1 分 56 秒

实战演练

步骤 1　单击"文件"|"打开"命令，打开一幅素材图形，选中杯身图形；单击"窗口"|"图形样式"命令，调出图形样式库中的"图像效果"浮动面板，选择"背面阴影"选项，此时所选择图形的效果将随之改变，效果如图 11-12 所示。

步骤 2　选中图形，在"外观"浮动面板中显示了图形效果的外观属性，将鼠标指针移至"自由扭曲"属性项目上，如图 11-13 所示。

图 11-12　添加图形样式

图 11-13　"外观"面板

步骤 3　单击鼠标左键，弹出"自由扭曲"对话框，在其中调整各控制点的位置，如图 11-14 所示。

步骤 4　单击"确定"按钮，返回"外观"浮动面板，分别设置第一个"填色"为红色、第二个"填色"为浅红色、"不透明度"为 30%，执行操作的同时，所选择图形的外观效果将随之改变，如图 11-15 所示。

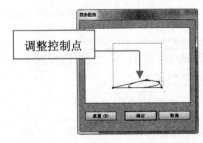

图 11-14　"自由扭曲"对话框

图 11-15　更改图形外观属性后的效果

技巧点拨

在相应的外观属性项目上单击控制按钮▶，即可展开该项目中所应用的效果，将鼠标指针移至相应的名称上，单击鼠标左键；或者在空白区域双击鼠标左键，即可弹出相应的对话框。

技能 231　调整外观属性的顺序

素材：光盘/素材/第 11 章/奶茶.ai	效果：光盘/效果/第 11 章/技能 231　调整外观属性的顺序.ai
难度：★★★★★	技能核心：单击鼠标左键并拖曳
视频：光盘/视频/第 11 章/技能 231 调整外观属性的顺序.avi	时长：38 秒

实战演练

步骤 1　单击"文件"｜"打开"命令，打开一幅素材图形并选中需要调整外观属性的图形，如图 11-16 所示。

步骤 2　在"外观"浮动面板中选择一种"填色"外观属性项目，单击鼠标左键并向上拖曳，如图 11-17 所示。

步骤 3　至"描边"与"填色"外观属性项目之间时，释放鼠标，此时所选择图形的外观效果也将随之改变，如图 11-18 所示。

选中图形　　　拖曳鼠标　　　调整外观属性后的效果

图 11-16　选中图形　　　图 11-17　"外观"浮动面板　　　图 11-18　调整外观属性后的图形效果

技能 232　对新图形应用外观属性

素材：光盘/素材/第 11 章/打火机.ai	效果：光盘/效果/第 11 章/技能 232　应用外观属性于新图形中.ai
难度：★★★★★	技能核心：单击鼠标左键并拖曳
视频：光盘/视频/第 11 章/技能 232 应用外观属性于新图形中.avi	时长：44 秒

实战演练

步骤 1 单击"文件"｜"打开"命令，打开一幅素材图形，如图11-19所示。

步骤 2 在图像编辑窗口中选中一个图形后，将鼠标指针移至"外观"浮动面板中"路径"选项前面的预览框中，单击鼠标左键并拖曳至需要填充的图形上，此时鼠标指针呈形状，释放鼠标，即可将外观属性应用于图形中，效果如图11-20所示。

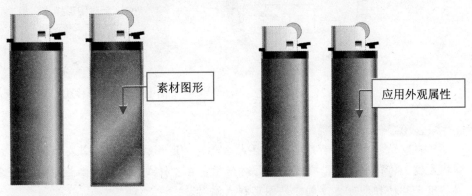

素材图形

应用外观属性

图11-19 素材图形　　　　　　　　　图11-20 图形效果

11.2 应用"图形样式"面板

技能233 新建图形样式

素材：无	
效果：光盘/效果/第11章/技能233 新建图形样式.ai	
难度：★★★★☆	
技能核心："新建图形样式"按钮	
视频：光盘/视频/第11章/技能233 新建图形样式.avi	
时长：2分10秒	

实战演练

步骤 1 单击"文件"｜"新建"命令，新建文档，选取工具箱中的椭圆工具，在图形编辑窗口中绘制一个圆形框，设置"填充色"为"无"、"描边"为绿色、"描边粗细"为2pt，单击"窗口"｜"画笔"命令，调出"画笔"面板中的"边框-原始"浮动面板，选择"阿兹特克式"图形样式，圆形框随之发生变化，单击"画笔"面板中的"所选对象的选项"按钮，在弹出的"描边选项（图案画笔）"对话框中设置"着色方法"为"色相转换"，单击"确定"按钮，效果如图11-21所示。

步骤 2 单击"窗口"|"图形样式"命令，调出"图形样式"浮动面板，并单击面板底部的"新建图形样式"按钮 ，即可创建新的图形样式，如图 11-22 所示。

图 11-21 添加画笔

图 11-22 "图形样式"浮动面板

技巧点拨

在默认状态下，新建的图形样式名称为"图形样式 1"，若在该图形样式上双击鼠标左键，将弹出"图形样式选项"对话框，在"样式名称"文本框中输入新名称，单击"确定"按钮即可更改创建的图形样式名称。

技能 234 复制和删除图形样式

素材：光盘/素材/第 11 章/花边.ai	效果：无
难度：★★☆☆☆	技能核心："复制图形样式"和"删除图形样式"选项
视频：光盘/视频/第 11 章/技能 234 复制和删除图形样式.avi	时长：43 秒

实战演练

步骤 1 打开技能 233 的效果图形，在"图形样式"浮动面板中选中需要复制的图形样式，单击面板右上角的 按钮，在弹出的面板菜单中选择"复制图形样式"选项，即可复制所选择的图形样式，如图 11-23 所示。

步骤 2 选中需要删除的图形样式，单击面板右上角的 按钮，在弹出的面板菜单中选择"删除图形样式"选项，将弹出提示信息框，单击"是"按钮，即可删除所选择的图形样式，如图 11-24 所示。

图 11-23 复制图形样式

图 11-24 删除图形样式

第11章

技巧点拨

在面板中选择了需要复制的图形样式后，单击面板底部的"新建图形样式"按钮，同样可以复制所选择的图形样式；选择需要删除的图形样式后，单击面板底部的"删除图形样式"按钮，同样可以删除所选择的图形样式。

技能 235　合并图形样式

素材：光盘/素材/第 11 章/花边.ai	
效果：光盘/效果/第 11 章/技能 235 合并 　　　图形样式.ai	
难度：★★★★★	
技能核心："合并图形样式"选项	
视频：光盘/视频/第 11 章/技能 235 合并 　　　图形样式.avi	
时长：1 分 19 秒	

实战演练

步骤 1　打开技能 233 的效果图形，单击"窗口"|"图形样式"命令，调出"图形样式"浮动面板中的"Vonster 图案样式"浮动面板，选择"翠绿 2"图形样式，"翠绿 2"图形样式添加至"图形样式"浮动面板，如图 11-25 所示。

步骤 2　在"图形样式"浮动面板中，按住【Ctrl】的同时选中需要合并的图形样式，如图 11-26 所示。

图 11-25　"图形样式"浮动面板

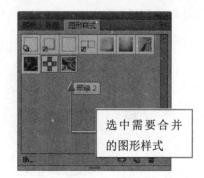

选中需要合并的图形样式

图 11-26　选中图形样式

步骤 3　单击面板右上角的 按钮，在弹出的面板菜单中选择"合并图形样式"选项，弹出"图形样式选项"对话框，在"样式名称"文本框中输入相应的名称，单击"确定"按钮，合并后的图形样式将被添加到面板中图形样式列表的末尾，如图 11-27 所示。

步骤 4　在图形编辑窗口中选中需要应用图形样式的图形，在"图形样式"面板中单击合并后的图形样式，即可将合并后的图形样式应用于图形中，效果如图 11-28 所示。

合并图形样式

图 11-27 合并图形样式

图 11-28 应用图形样式

 技巧点拨

在合并图形样式时，除了默认图形样式外，其他的图形样式可以进行合并，默认的图形样式既不能复制也不能删除，可以将其应用于所选择的图形中。

技能 236　为文字添加图形样式

素材：光盘/素材/第 11 章/花边 1.ai	效果：光盘/效果/第 11 章/技能 236 为文字添加图形样式.ai	
难度：★★★★★	技能核心："图形样式"面板	
视频：光盘/视频/第 11 章/技能 236 为文字添加图形样式.avi	时长：1 分 8 秒	

实战演练

步骤 1　打开技能 235 的效果图形，选择文字工具并输入相应的文字，设置"字体"为"华文楷体"，"字号大小"为 48pt，效果如图 11-29 所示。

步骤 2　选中输入的文字，单击"窗口"|"图形样式"命令，调出"图形样式"浮动面板中"文字效果"浮动面板，单击"边缘效果 3"图形样式，即可为文字添加相应的图形样式，效果如图 11-30 所示。

输入文字

图 11-29 输入文字

为文字添加图形样式

图 11-30 图形效果

 技巧点拨

在图形编辑窗口中创建文字后，若对文字进行了创建轮廓的操作，再应用图形样式，则此时该文字的图形样式效果与未创建轮廓的文字应用图形样式的效果有所不同。

技能 237	重定义图形样式

素材：光盘/素材/第 11 章/花边 2.ai

效果：光盘/效果/第 11 章/技能 237 重定义
图形样式.ai

难度：★★ ★ ★

技能核心：设置外观属性

视频：光盘/视频/第 11 章/技能 237 重定义
图形样式.avi

时长：47 秒

实战演练

步骤 1　打开技能 236 的效果图形，选中应用了图形样式的文字，调出"外观"浮动面板，依次设置"描边颜色"为橙色、"描边粗细"为 2pt、第一个"填色"为黄色、第二个"填色"为绿色，如图 11-31 所示。

步骤 2　执行上述操作的同时，文字效果将随之改变，效果如图 11-32 所示。

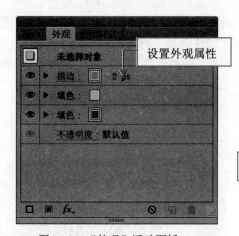

图 11-31　"外观"浮动面板

图 11-32　文字效果

 技巧点拨

当一种图形样式应用于单个图形、编组图形或整个图形中时，应当注意以下 4 点：

● 若在位图图形中应用图形样式，则该位图图形必须嵌入在图形窗口中，否则不能应用图形样式。

● 当对文字应用图形样式时，只有选中的文字才可以应用图形样式。

● 每种图形样式都可以包含多个外观属性，并可以对其进行编辑、修改或删除。若样式被修改，则应用其样式的图形外观属性也会随之改变。

● 若对编组图形中的某一个图形应用了图形样式，则该组中的所有图形都会应用同样的图形样式。

11.3 应用图形样式库

技能 238 应用 3D 效果

素材：光盘/素材/第 11 章/SMILE.ai	
效果：光盘/效果/第 11 章/技能 238 应用 3D 效果.ai	
难度：★★★★★	
技能核心："3D 效果"浮动面板	
视频：光盘/视频/第 11 章/技能 238 应用 3D 效果.avi	
时长：2 分 21 秒	

实战演练

步骤 1 单击"文件"|"打开"命令，打开一幅素材图形，选择文字工具并建立四个文本框，分别输入需要的文字，并调整文字的位置、大小和角度，如图 11-33 所示。

步骤 2 选中所有文字，在"图形样式"浮动面板底部单击"图形样式库菜单"按钮，在弹出的下拉菜单中选择"3D 效果"选项，调出"3D 效果"浮动面板，在其中单击"3D 效果 3"图形样式，即可将该图形样式应用于文字中，调整文字"填色"为"紫色"，效果如图 11-34 所示。

输入并调整字母

应用图形样式后的效果

图 11-33 输入并调整文字   图 11-34 图形效果

技巧点拨

不论是开放路径、闭合路径、单个图形或编组图形都可以应用"3D 效果"面板中的图形样式，在应用 3D 效果的图形样式后图形的原路径不会改变，只是其效果以 3D 效果的样式进行了变化。

技能 239 **应用按钮和翻转效果**

素材：光盘/素材/第 11 章/点读机.ai	效果：光盘/效果/第 11 章/技能 239 应用按钮和翻转效果.ai
难度：★★★☆☆	技能核心："按钮和翻转效果"浮动面板
视频：光盘/视频/第 11 章/技能 239 应用按钮和翻转效果.avi	时长：54 秒

实战演练

步骤 **1**　单击"文件"｜"打开"命令，打开一幅素材图形，选中需要应用图形样式的图形，如图 11-35 所示。

步骤 **2**　单击"图形样式"浮动面板底部的"图形样式库菜单"按钮 ，在弹出的下拉菜单中选择"按钮和翻转效果"选项，调出"按钮和翻转效果"浮动面板，在其中单击"斜角蓝色插入 - 正常"图形样式，如图 11-36 所示。

选中图形

图 11-35　选中图形

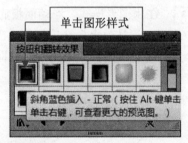

单击图形样式

图 11-36　选择图形样式

步骤 **3**　执行上述操作的同时，即可将所选择的图形样式应用于图形中，如图 11-37 所示。

步骤 **4**　用与上述相同的方法，为其他图形添加相应的图形样式，效果如图 11-38 所示。

应用图形样式

图 11-37　应用图形样式

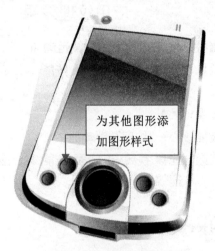

为其他图形添加图形样式

图 11-38　图形效果

在"按钮和翻转效果"浮动面板中，在将图形样式应用于图形中后，其图形路径大小不变，但效果比原图形要大。另外，有些图形在重新调整外观属性时，若改变其填充色，则改变的只是图形的边缘效果。

技能 240　应用涂抹效果

素材：光盘/素材/第 11 章/滑板.ai	效果：光盘/效果/第 11 章/技能 240 应用涂抹效果.ai
难度：★★☆☆☆	技能核心："涂抹效果"浮动面板
视频：光盘/视频/第 11 章/技能 240 应用涂抹效果.avi	时长：1 分 1 秒

实战演练

步骤 1　单击"文件" | "打开"命令，打开一幅素材图形，选中需要应用图形样式的图形，如图 11-39 所示。

步骤 2　调整图形"填色"为"浅红色"，单击"编辑" | "复制"命令，将其复制，单击"编辑" | "贴在前面"命令，将其贴在前面。

步骤 3　在"图形样式"浮动面板底部单击"图形样式库菜单"按钮 ，在弹出的下拉菜单中选择"涂抹效果"选项，调出"涂抹效果"浮动面板，在其中单击"涂抹 11"图形样式，即可将该图形样式应用于当前图形中，效果如图 11-40 所示。

选中图形

图 11-39　选中图形

应用图形样式

图 11-40　应用图形样式

技能 241　应用纹理效果

素材：光盘/素材/第 11 章/运动.ai	
效果：光盘/效果/第 11 章/技能 241 应用纹理效果.ai	
难度：★★☆☆☆	
技能核心："纹理"浮动面板	
视频：光盘/视频/第 11 章/技能 241 应用纹理效果.avi	
时长：59 秒	

实战演练

步骤 **1** 单击"文件"｜"打开"命令,打开一幅素材图形,选取工具箱中的矩形工具,绘制一个合适大小的矩形,单击右键"排列"｜"置于底层"命令,效果如图 11-41 所示。

步骤 **2** 选中矩形后,在"图形样式"浮动面板底部单击"图形样式库菜单"按钮 ,调出"纹理"浮动面板,单击"RGB 灰泥"图形样式,即可将该图形样式应用于矩形中,效果如图 11-42 所示。

绘制矩形

图 11-41 绘制矩形

应用图形样式

图 11-42 图形效果

 技巧点拨

在"纹理"浮动面板中所有图形样式都是 RGB 文件格式,因此,应用该类图形样式的图形会出现马赛克现象,但不同的图形样式应用于图形中时,也会产生不同的视觉效果。

技能 242 应用艺术效果

素材:光盘/素材/第 11 章/救生圈.ai	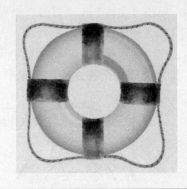
效果:光盘/效果/第 11 章/技能 242 应用艺术效果.ai	
难度:★★ ☆ ☆ ☆	
技能核心:"艺术效果"浮动面板	
视频:光盘/视频/第 11 章/技能 242 应用艺术效果.avi	
时长:48 秒	

实战演练

步骤 **1** 单击"文件"｜"打开"命令,打开一幅素材图形,如图 11-43 所示。

步骤 **2** 选中需要应用图形样式的图形,在"图形样式"浮动面板中调出"艺术效果"浮动面板,单击"RGB 树胶水彩画"图形样式,即可将该图形样式应用于图形中,效果如图 11-44 所示。

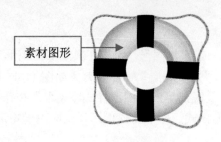

素材图形

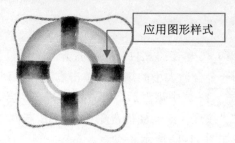

应用图形样式

图 11-43　素材图形　　　　　　　　　　　图 11-44　图形效果

 技巧点拨

　　在应用任何一种图形样式时，并不是所有图形样式的效果都会显示于图形中。若所选择的图形是网格图形，则应用图形样式的效果不会很明显，甚至无法应用图形样式。

技能 243　应用霓虹效果

素材：光盘/素材/第 11 章/手表.ai	
效果：光盘/效果/第 11 章/技能 243 应用霓虹效果.ai	
难度：★★★★★	
技能核心："霓虹效果"浮动面板	
视频：光盘/视频/第 11 章/技能 239 应用霓虹效果.avi	
时长：35 秒	

实战演练

步骤 1　单击"文件"｜"打开"命令，打开一幅素材图形，选中需要应用图形样式的图形，如图 11-45 所示。

步骤 2　在"图形样式"浮动面板中调出"霓虹效果"浮动面板，单击"深红色霓虹"图形样式，即可将该图形样式应用于图形中，效果如图 11-46 所示。

选中图形

应用图形样式

图 11-45　选中图形　　　　　　　　　　　图 11-46　图形效果

11.4 应用"动作"面板

技能 244 创建动作

素材：无	效果：无
难度：★★☆☆☆	技能核心："创建新动作"按钮
视频：光盘/视频/第 11 章/技能 244 创建动作.avi	时长：40 秒

⬈ 实战演练

步骤 1 新建文档，单击"窗口"|"动作"命令，调出"动作"浮动面板，单击底部"创建新动作"按钮 ，如图 11-47 所示。

步骤 2 弹出"新建动作"对话框，设置"名称"为"动作 1"、"动作集"为"默认_动作"、"功能"为"无"、"颜色"为"无"，如图 11-48 所示。

步骤 3 单击"记录"按钮，即可创建一个新的动作，如图 11-49 所示。

图 11-47 "动作"浮动面板　　　图 11-48 设置相应的参数　　　图 11-49 创建动作

 技巧点拨

创建动作还有以下两种方法：

● 调出"动作"浮动面板，单击面板右上角的 按钮，在弹出的面板菜单中选择"新建动作"选项，弹出"新建动作"对话框，进行相应的设置后，单击"确定"按钮即可。

● 按住【Alt】键的同时单击"创建新动作"按钮即可。

技能 245 录制动作

素材：光盘/素材/第 11 章/幸福气球.ai	
效果：光盘/效果/第 11 章/技能 245 录制动作.ai	
难度：★★★★☆	
技能核心："开始记录"按钮	
视频：光盘/视频/第 11 章/技能 245 录制动作.avi	
时长：2 分 1 秒	

实战演练

步骤 **1** 　单击"文件"｜"打开"命令，打开一幅素材图形，选中要编辑的图形（如图11-50所示），调出"动作"浮动面板，单击底部"创建新动作"，新建"动作1"。

步骤 **2** 　选中"动作1"项目后，单击面板底部的"开始记录"按钮 ●，在图形编辑窗口中选择需要创建动作的图形，单击鼠标右键，在弹出的快捷菜单中选择"变换"｜"旋转"选项，弹出"旋转"对话框，设置"角度"为30，单击"确定"按钮，如图11-51所示。

选中图形

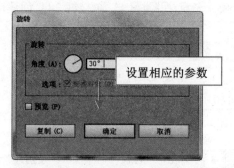

设置相应的参数

图 11-50　选中图形

图 11-51　"旋转"对话框

技巧点拨

　　在进行动作的录制时，一定要选中需要记录的动作项目，并单击"开始记录"按钮，否则所有的动作都无法进行记录，或者选择需要的项目后，单击面板右上角的■按钮，在弹出的面板菜单中选择"开始记录"选项，也可以录制动作。

步骤 **3** 　再次在选中的图形上单击鼠标右键，在弹出的快捷菜单中选择"变换"｜"移动"选项，弹出"移动"对话框，设置"水平"为15mm、"垂直"为10mm，单击"确定"按钮，再次在选中的图形上单击鼠标右键，在弹出的快捷菜单中选择"变换"｜"缩放"选项，弹出"比例缩放"对话框，设置"等比缩放"为120%，单击"确定"按钮，即可对选择的图形进行旋转、移动和缩放操作，如图11-52所示。

步骤 **4** 　单击"动作"面板底部的"停止播放/记录"按钮 ■，系统将停止记录动作，即可完成动作的录制，此时在"动作"面板的"动作1"项目中，记录了图形编辑窗口中的操作过程，如图11-53所示。

旋转、移动和缩放操作

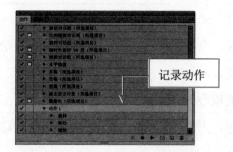

记录动作

图 11-52 旋转 移动和缩放操作

图 11-53　记录动作

技能 246	播放动作	
素材：光盘/素材/第 11 章/幸福气球 1.ai	效果：光盘/效果/第 11 章/技能 246 播放动作.ai	
难度：★☆☆☆☆	技能核心："播放当前所选动作"按钮	
视频：光盘/视频/第 11 章/技能 246 播放动作.avi	时长：30 秒	

实战演练

步骤 1 打开技能 245 的效果图形，选择需要播放动作的图形，如图 11-54 所示。

步骤 2 选中"动作"面板中所录制的"动作 1"项目，单击面板底部的"播放当前所选动作"按钮 ▶，将对所选择的图形按照录制的动作进行操作，如图 11-55 所示。

选中图形

播放动作

图 11-54　选中图形　　　　　图 11-55　播放动作

技巧点拨

在播放记录的动作时，如果不需要播放某一个动作，只需单击该动作项目左侧的"切换项目开/关"图标☑即可。另外，用户还可以设置播放的速度，单击面板右上角的面板菜单按钮，在弹出的面板菜单中选择"回放选项"选项，在弹出的对话框中选中"暂停"单选按钮，并设置相应的参数即可。

技能 247	复制和删除动作	
素材：光盘/素材/第 11 章/幸福气球 2.ai	效果：光盘/效果/第 11 章/技能 247 复制和删除动作.ai	
难度：★★★☆☆	技能核心：单击鼠标左键并拖曳	
视频：光盘/视频/第 11 章/技能 247 复制和删除动作.avi	时长：1 分 9 秒	

实战演练

步骤 1 打开技能 246 的效果图形，调出"动作"浮动面板，在"动作"浮动面板中选择需要复制的动作项目，单击鼠标左键并拖曳至"创建新动作"按钮上 ，释放鼠标后，即可复制该动作项目，如图 11-56 所示。

步骤 2 在图形编辑窗口中选中需要播放动作的图形后，单击"播放当前所选动作"按钮播放动作，即可观察到所选择的图形进行的缩放操作，如图 11-57 所示。

图 11-56 "动作"浮动面板   图 11-57 播放动作

步骤 3 选中需要删除的动作项目，单击"删除所选动作"按钮 ，弹出提示信息框如图 11-58 所示。

步骤 4 单击"是"按钮，即可删除该动作项目，如图 11-59 所示。

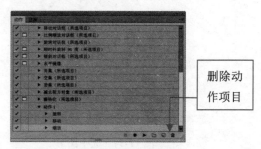

图 11-58 "删除所选项目"提示信息框   图 11-59 删除动作

技巧点拨

选择需要删除的动作项目后，单击面板右上角的 按钮，在弹出的面板菜单中选择"删除"选项，也会弹出提示信息框，询问用户是否确认删除所选动作项目，单击"是"按钮，即可将所选择的动作项目删除。

技能 248 编辑动作

素材：光盘/素材/第 11 章/幸福气球 3.ai	
效果：光盘/效果/第 11 章/技能 248 编辑动作.ai	
难度：★★★★★	
技能核心：更改动作记录	
视频：光盘/视频/第 11 章/技能 248 编辑动作.avi	
时长：1 分 22 秒	

实战演练

步骤 **1**   打开技能 247 的效果图形，在图形编辑窗口中选中需要编辑的图形，调出"动作"浮动面板，在"动作 1"项目中的"旋转"选项上双击鼠标左键，弹出"旋转"对话框，设置"角度"为-20，单击"确定"按钮；在"移动"选项上双击鼠标左键，弹出"移动"对话框，设置"水平"为-10mm、"垂直"为-5mm，单击"确定"按钮，在"缩放"选项上双击鼠标左键，弹出"比例缩放"对话框，设置"等比例缩放"为110%，单击"确定"按钮，即可完成动作记录的更改，如图 11-60 所示。

步骤 **2**   执行上述操作的同时，所选择的图形也将随着动作记录的改变而改变，如图 11-61 所示。

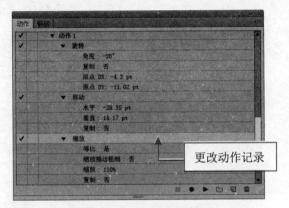

图 11-60 "动作"浮动面板

图 11-61 图形效果

技巧点拨

在对动作进行编辑时，必须先选择需要编辑动作的图形，再双击动作项目，否则系统将弹出所选动作不可使用的提示信息框。另外，若用户在"动作"浮动面板的面板菜单中选择"重置动作"选项，则可以将动作恢复至默认设置。

应用效果

12

在 Illustrator CC 中，应用效果可以为图形制作出特殊的光照效果、带有装饰性的纹理效果及模糊效果等。因此，应用效果是制作各种图形特殊效果的重要途径。

本章主要从实际操作中介绍各种效果的应用技巧。

12.1　应用 3D 效果

技能 249　凸出和斜角

素材：光盘/素材/第 12 章/钥匙.ai	效果：光盘/效果/第 12 章/技能 249 凸出和斜角.ai	
难度：★★★☆☆	技能核心："3D 凸出和斜角选项"对话框	
视频：光盘/视频/第 12 章/技能 249 凸出和斜角.avi	时长：47 秒	

实战演练

步骤 1　单击"文件"|"打开"命令，打开一幅素材图形并选择图形，如图 12-1 所示。

步骤 2　单击"效果"|"3D"|"凸出和斜角"命令，弹出"3D 凸出和斜角选项"对话框，设置"位置"为"自定旋转"，依次设置"旋转角度"为 35°、20°、5°，"凸出厚度"为 15pt、"斜角"为"经典"、"高度"为 5pt，如图 12-2 所示。

步骤 3　单击"确定"按钮，即可将设置的效果应用于图形中，效果如图 12-3 所示。

图 12-1　选中图形

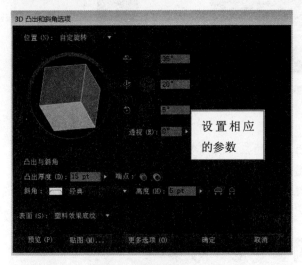

图 12-2　设置参数

图 12-3　应用"凸出和斜角"效果

技巧点拨

在应用 3D 效果的操作中，用户可以直接在效果预览框中，单击鼠标左键并拖曳，从而控制图形的旋转角度，系统中默认的"凸出厚度"为 50pt，设置的数值越大，图形的凸出厚度就越厚；系统中提供了多种斜角选项，选择了相应的选项后，即可激活"高度"数值框，并设置斜角的高度。

技能 250 绕转

素材：无	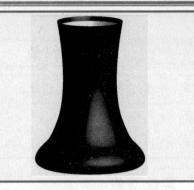
效果：光盘/效果/第 12 章/技能 250 绕转.ai	
难度：★★★★★	
技能核心："绕转"命令	
视频：光盘/视频/第 12 章/技能 250 绕转.avi	
时长：53 秒	

实战演练

步骤 **1** 　新建文档，使用钢笔工具在图形编辑窗口中绘制一条曲线，如图 12-4 所示。

步骤 **2** 　单击"效果"｜"3D"｜"绕转"命令，弹出"3D 绕转选项"对话框，依次设置"旋转角度"为-10°、-30°、5°，"角度"为 360°、"位移"为 0pt、"自"为"右边"，如图 12-5 所示。

步骤 **3** 　单击"确定"按钮，即可将设置的效果应用于图形中，效果如图 12-6 所示。

绘制曲线

设置相应的参数

应用"绕转"效果

图 12-4　绘制曲线　　　　图 12-5　设置参数　　　　图 12-6　应用"绕转"效果

技巧点拨

　　应用 3D 效果可以为平面图形创建出真实的三维立体效果，若用户所选择的图形为闭合路径，则系统将以闭合路径的形状重新创建出一个 3D 效果，如果设置"端点"为"关闭端点以建立空心为外观"按钮 ，将建立以图形路径为基准，而内部为空心的图形效果。

12.2　应用"变形"效果

技能 251 凹壳

素材：光盘/素材/第 12 章/窗帘.ai	效果：光盘/效果/第 12 章/技能 251 凹壳.ai
难度：★★★★★	技能核心："凹壳"命令
视频：光盘/视频/第 12 章/技能 251 凹壳.avi	时长：36 秒

步骤 1 单击"文件"｜"打开"命令，打开一幅素材图形并选中图形，只选择窗帘上部，如图 12-7 所示。

步骤 2 单击"效果"｜"变形"｜"凹壳"命令，弹出"变形选项"对话框，设置"弯曲"为 40%、"水平"为 10%、"垂直"为 3%，如图 12-8 所示。

步骤 3 单击"确定"按钮，即可将设置的效果应用于图形中，如图 12-9 所示。

图 12-7 选中图形

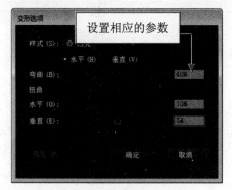

图 12-8 设置相应的参数

图 12-9 应用"凹壳"效果

 技巧点拨

"凹壳"效果的主要作用就是对所选择图形的下侧进行凹状变形，设置"弯曲"为正值时，值越大，图形下侧部分的凹陷程度就越强，若为负值，则图形呈收缩状态。

技能 252 鱼形

素材：光盘/素材/第 12 章/鱼.ai	效果：光盘/效果/第 12 章/技能 252 鱼形.ai	
难度：★☆☆☆☆	技能核心："鱼形"命令	
视频：光盘/视频/第 12 章/技能 252 鱼形.avi	时长：38 秒	

步骤 1 单击"文件"｜"打开"命令，打开一幅图形，如图 12-10 所示，选择整个图形。

步骤 2 选中整个素材图形，单击"效果"｜"变形"｜"鱼形"命令，弹出"变形选项"对话框，设置"弯曲"为 40%、"水平"为 10%、"垂直"为 0%，单击"确定"按钮，即可将设置的效果应用于图形中，如图 12-11 所示。

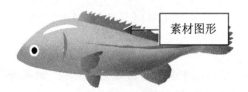

图 12-10 素材图形

图 12-11 应用"鱼形"效果

在应用"鱼形"效果时，若设置"弯曲"为正值，则图形左侧将进行垂直弯曲；若为负值，则图形右侧进行垂直弯曲。

12.3 应用"扭曲与变换"效果

技能 253 粗糙化

素材：光盘/效果/第 12 章/太阳帽.ai	
效果：光盘/效果/第 12 章/技能 253 粗糙化.ai	
难度：★★ ★ ★	
技能核心："粗糙化"对话框	
视频：光盘/视频/第 12 章/技能 253 粗糙化.avi	
时长：53 秒	

实战演练

步骤 1 单击"文件"|"打开"命令，打开一幅素材图形并选中该图形（帽子底部），如图 12-12 所示。

步骤 2 单击"效果"|"扭曲和变换"|"粗糙化"命令，弹出"粗糙化"对话框，选中"绝对"单选按钮，设置"大小"为 10mm、"细节"为 100，如图 12-13 所示。

步骤 3 单击"确定"按钮，即可将设置的效果应用于图形中，如图 12-14 所示。

选中图形

图 12-12 选中图形

设置相应的参数选项

图 12-13 "粗糙化"对话框

应用"粗糙化"效果

图 12-14 应用"粗糙化"效果

在"粗糙化"对话框中选中"相对"单选按钮，可以设置粗糙化"大小"的百分比；若选中"绝对"单选按钮，则是设置粗糙化"大小"的长度。

技能 254 **波纹效果**

素材：光盘/素材/第 12 章/台灯.ai	效果：光盘/效果/第 12 章/技能 54 波纹效果.ai
难度：★★ ☆ ☆ ☆	技能核心："波纹效果"对话框
视频：光盘/视频/第 12 章/技能 232 波纹效果.avi	时长：46 秒

↗ **实战演练**

步骤 **1** 单击"文件"｜"打开"命令，打开一幅素材图形并选中该图形，如图 12-15 所示。

步骤 **2** 单击"效果"｜"扭曲和变换"｜"波纹效果"命令，弹出"波纹效果"对话框，选中"绝对"单选按钮，设置"大小"为 1pt、"每段的隆起数"为 100，选中"尖锐"单选按钮，单击"确定"按钮，即可将设置的效果应用于图形中，如图 12-16 所示。

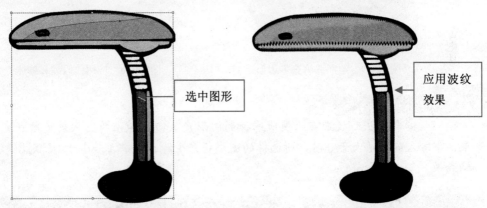

图 12-15　选中图形　　　　图 12-16　应用"波纹效果"后的图形效果

⏱ **技巧点拨**

"波纹效果"的图形效果与"粗糙化"效果相似，但应用波纹效果制作出的图形边缘的突起是均匀的。在选中多个图形后，在对话框中设置"每段的隆起数"数值一样时，若两锚点的间距较长，则隆起的形状宽且稀疏；若两锚点的间距较短，则隆起的形状窄且密集。

技能 255 **收缩和膨胀**

素材：无	效果：光盘/效果/第 12 章/技能 255 收缩和膨胀.ai
难度：★★★★ ☆	技能核心："收缩和膨胀"对话框
视频：光盘/视频/第 12 章/技能 255 收缩和膨胀.avi	时长：41 秒

 **实战演练**

步骤 **1** 新建文档，使用多边形工具在图形编辑窗口中绘制一个多边形，并填充相应的渐

变色，如图 12-17 所示。

步骤 2 　选中图形，单击"效果"｜"扭曲和变换"｜"收缩和膨胀"命令，弹出"收缩和膨胀"对话框，在"收缩"和"膨胀"之间的数值框中输入 140%，单击"确定"按钮，即可将设置的效果应用于图形中，如图 12-18 所示。

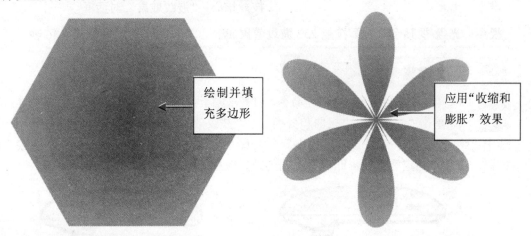

图 12-17　绘制并填充多边形　　　　图 12-18　应用"收缩和膨胀"效果

 技巧点拨

"收缩和膨胀"效果可以使所选择的图形产生四处伸张的尖状或是角点突起的效果。当输入的数值大于 0 时，所选择的图形将产生膨胀效果；若小于 0，则图形产生收缩效果。

12.4　应用"风格化"效果

技能 256　外发光

素材：光盘/素材/第 12 章/灯泡.ai	
效果：光盘/效果/第 12 章/能 256 外发光.ai	
难度：★★★★★	
技能核心："外发光"对话框	
视频：光盘/视频/第 12 章/技能 256 外发光.avi	
时长：48 秒	

 实战演练

步骤 1 　单击"文件"｜"打开"命令，打开一幅素材图形，如图 12-19 所示。

步骤 2 　选中整个图形，单击"效果"｜"风格化"｜"外发光"命令，弹出"外发光"对话框，设置"模式"为"正常"、"颜色"为黄色、"不透明度"为 80%、"模糊"为 20mm，单击"确定"按钮，即可将设置的效果应用于图形中，如图 12-20 所示。

素材图形

应用"外发光"效果

图 12-19　素材图形　　　　　图 12-20　应用"外发光"效果

 技巧点拨

　　在"外发光"对话框中，系统默认的颜色为黑色，如果在颜色块上单击鼠标左键，将弹出"拾色器"对话框，设置需要的颜色后，单击"确定"按钮即可。

技能 257　投影

素材：光盘/素材/第 12 章/星辉.ai	效果：光盘/效果/第 12 章/技能 257 投影.ai
难度：★★☆☆☆	技能核心："投影"对话框
视频：光盘/视频/第 12 章/技能 257 投影.avi	时长：44 秒

实战演练

步骤 1　单击"文件"｜"打开"命令，打开一幅素材图形，如图 12-21 所示。

步骤 2　选中人物图形，单击"效果"｜"风格化"｜"投影"命令，弹出"投影"对话框，设置"模式"为"颜色加深"、"不透明度"为 100%、"X 位移"为 38px、"Y 位移"为 0px、"模糊"为 0px，选中"颜色"单选按钮，设置"颜色"为黑色，单击"确定"按钮，即可将设置的效果应用于图形中，如图 12-22 所示。

素材图形

应用"投影"效果

图 12-21　素材图形　　　　　图 12-22　应用"投影"效果

 技巧点拨

　　应用"投影"效果可以为选择的图形添加不同的投影效果，它既可以针对矢量图，也可以针对位图。另外，选中"暗度"单选按钮后，在其右侧的数值框中输入相应的数值，可以控制投影的明暗程度。

技能 258　涂抹

素材：光盘/素材/第 12 章/春天.ai	
效果：光盘/效果/第 12 章/技能 258 涂抹.ai	
难度：★★★★☆	
技能核心："涂抹选项"对话框	
视频：光盘/视频/第 12 章/技能 258 涂抹.avi	
时长：1 分 4 秒	

↗ 实战演练

步骤 1　单击"文件"｜"打开"命令，打开一幅素材图形，如图 12-23 所示。

步骤 2　选中整幅图形，单击"效果"｜"风格化"｜"涂抹"命令，弹出"涂抹选项"对话框，设置"设置"为"密集"、"角度"为 30°、"描边宽度"为 0.35mm、"曲度"为 1%、"变化"为 0%、"间距"为 0.53mm、"变化"为 0.5mm，单击"确定"按钮，即可将设置的效果应用于图形中，如图 12-24 所示。

图 12-23　素材图形

图 12-24　应用"涂抹"效果

🕐 技巧点拨

应用"涂抹"效果可以使图形产生类似于手绘效果的风格，在"涂抹选项"对话框中，系统提供了 11 种预设的涂抹效果，选择不同的涂抹效果后再设置相应的参数，得到的涂抹效果也会有所不同。

⚙ | 12.5　应用"像素化"效果

技能 259　彩色半调

素材：光盘/素材/第 12 章/热气球.ai	效果：光盘/效果/第 12 章/技能 259 彩色半调.ai
难度：★★☆☆☆	技能核心："彩色半调"对话框
视频：光盘/视频/第 12 章/技能 259 彩色半调.avi	时长：49 秒

⤢ **实战演练**

步骤 1 单击"文件"｜"打开"命令，打开一幅素材图形，如图12-25所示。

步骤 2 选中整幅图形，单击"效果"｜"像素化"｜"彩色半调"命令，弹出"彩色半调"对话框，设置"最大半径"为4，在"网角（度）"选项区中设置"通道1"为100、"通道2"为100、"通道3"为80、"通道4"为40，单击"确定"按钮，即可将设置的效果应用于图形中，如图12-26所示。

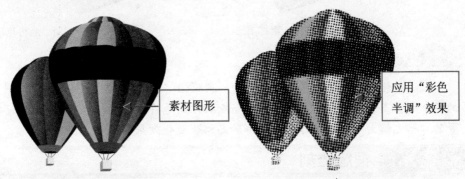

图 12-25　素材图形　　　　　　　图 12-26　应用"彩色半调"效果

 技巧点拨

　　应用"彩色半调"效果可以将所选择图形的每条通道划分为矩形栅格，再将像素添加至每个栅格中，并用圆形代替，从而生成半色调的网屏效果。其中，"最大半径"数值框可以设置生成网点的最大半径；而"网角（度）"选项区中的各参数决定了每条通道所指定的网屏角度。

技能260　晶格化

素材：光盘/素材/第12章/魔方.ai	
效果：光盘/效果/第12章/技能260 晶格化.ai	
难度：★★★★★	
技能核心："晶格化"对话框	
视频：光盘/视频/第12章/技能260 晶格化.avi	
时长：41秒	

⤢ **实战演练**

步骤 1 单击"文件"｜"打开"命令，打开一幅素材图形，如图12-27所示。

步骤 2 选中整幅图形，单击"效果"｜"像素化"｜"晶格化"命令，弹出"晶格化"对话框，设置"单元格大小"为8，单击"确定"按钮，即可将设置的效果应用于图形中，如图12-28所示。

图 12-27　素材图形　　　　　　图 12-28　应用"晶格化"效果

 技巧点拨

　　"晶格化"效果与"像素化"中的"点状化"效果相似，晶格化的特点是将图形中的多个像素点结合为纯色的多边形，而点状化则是将像素点转换为随机的点，总之，设置的"单元格大小"数值越大，图形的晶格化变化效果就越明显。

技能 261　铜版雕刻

素材：光盘/素材/第 12 章/全麦吐司.ai	
效果：光盘/效果/第 12 章/技能 261 铜版雕刻.ai	
难度：★★★☆☆	
技能核心："铜版雕刻"对话框	
视频：光盘/视频/第 12 章/技能 261 铜版雕刻.avi	
时长：31 秒	

实战演练

步骤 1　单击"文件"｜"打开"命令，打开一幅素材图形，如图 12-29 所示。

步骤 2　按【Shift】连续选中图形中部，单击"效果"｜"像素化"｜"铜版雕刻"命令，弹出"铜版雕刻"对话框，在"类型"下拉列表框中选择"精细点"选项，单击"确定"按钮，即可将设置的效果应用于图形中，如图 12-30 所示。

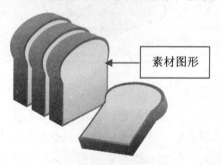　

图 12-29　素材图形　　　　　　图 12-30　应用"铜版雕刻"效果

"铜版雕刻"效果的工作原理是用点、线条或笔画重新生成图形，再将图形转换成全饱和度颜色下的随机图形。"类型"下拉列表框中提供了 10 种铜版雕刻的类型，选择相应的类型后可以直接通过预览框预览相应效果。

12.6　应用"模糊"效果

技能 262	径向模糊	
素材：光盘/素材/第 12 章/炫目.ai	效果：光盘/效果/第 12 章/技能 262 径向模糊.ai	
难度：★★★★★	技能核心："径向模糊"对话框	
视频：光盘/视频/第 12 章/技能 262 径向模糊.avi	时长：42 秒

实战演练

步骤 1　单击"文件"｜"打开"命令，打开一幅素材图形，如图 12-31 所示。

步骤 2　选中背景图形，单击"效果"｜"模糊"｜"径向模糊"命令，弹出"径向模糊"对话框，设置"数量"为30、"模糊方法"为"缩放"、"品质"为"最好"，在"中心模糊"下方的预览框中调整中心位置，单击"确定"按钮，即可将设置的效果应用于图形中，如图 12-32 所示。

素材图形

图 12-31　素材图形

应用"径向模糊"效果

图 12-32　应用"径向模糊"效果

"径向模糊"效果可以对所选择的图形进行旋转或放射状的模糊，从而产生一种镜头聚焦的效果，在"中心模糊"下方的预览框中单击鼠标左键并拖曳，即可改变图像模糊的中心位置。

技能 263	特殊模糊

素材：光盘/素材/第 12 章/曾经的记忆.ai
效果：光盘/效果/第 12 章/技能 263 特殊 　　　模糊.ai
难度：★★ ★ ★
技能核心："特殊模糊"对话框
视频：光盘/视频/第 12 章/技能 263 特殊 　　　模糊.avi
时长：42 秒

实战演练

步骤 1　单击"文件"｜"打开"命令，打开一幅素材图形，如图 12-33 所示。

步骤 2　选中整幅图形，单击"效果"｜"模糊"｜"特殊模糊"命令，弹出"特殊模糊"对话框，设置"半径"为 2、"阈值"为 90、"品质"为"高"、"模式"为"正常"，单击"确定"按钮，即可将设置的效果应用于图形中，如图 12-34 所示。

素材图形

应用"特殊模糊"效果

图 12-33　素材图形　　　　　图 12-34　应用"特殊模糊"效果

 技巧点拨

在"特殊模糊"对话框中，"半径"主要用来设置对不同像素进行处理的范围；"阈值"则用于控制图形像素处理后的差别度；在"模式"下拉列表框中，用户可以选择需要的模式。

技能 264	高斯模糊

素材：光盘/素材/第 12 章/空明月.ai
效果：光盘/效果/第 12 章/技能 264 高斯模糊.ai
难度：★★ ★ ★
技能核心："高斯模糊"对话框
视频：光盘/视频/第 12 章/技能 264 高斯模糊.avi
时长：31 秒

步骤 1 单击"文件"｜"打开"命令，打开一幅素材图形，如图 12-35 所示。

步骤 2 选中需要应用效果的图形"月亮"，单击"效果"｜"模糊"｜"高斯模糊"命令，弹出"高斯模糊"对话框，在"半径"右侧的数值框中输入 5，单击"确定"按钮，即可将设置的效果应用于所选图形中，如图 12-36 所示。

素材图形

应用"高斯模糊"效果

图 12-35　素材图形　　　　图 12-36　应用"高斯模糊"效果

 技巧点拨

应用"高斯模糊"效果可以降低像素之间的对比度，从而使图形产生模糊且柔和的效果。该对话框中"半径"的数值大小决定了模糊的程度，数值越大，图像越模糊。

12.7　应用"素描"效果

技能 265　粉笔和炭笔

素材：光盘/素材/第 12 章/夕阳.ai

效果：光盘/效果/第 12 章/技能 265 粉笔和炭笔.ai

难度：★★☆☆☆

技能核心："粉笔和炭笔"对话框

视频：光盘/视频/第 12 章/技能 265 粉笔和炭笔.avi

时长：39 秒

 实战演练

步骤 1 单击"文件"｜"打开"命令，打开一幅素材图形，如图 12-37 所示。

步骤 2 选中整幅图形，单击"效果"｜"素描"｜"粉笔和炭笔"命令，弹出"粉笔和炭笔"对话框，设置"炭笔区"为 7、"粉笔区"为 10、"描边压力"为 1，单击"确定"按钮，即可将设置的效果应用于图形中，如图 12-38 所示。

素材图形

图 12-37 素材图形

应用"粉笔和炭笔"效果

图 12-38 应用"粉笔和炭笔"效果

 技巧点拨

　　应用"粉笔和炭笔"效果可以产生黑白图形的手绘效果，在该对话框中，"炭笔区"选项主要用来控制图形暗部的炭笔绘制效果；"粉笔区"则用来控制图形亮部的粉笔绘制效果；"描边压力"通常用来控制图形笔触显示的压力效果。

技能 266　影印

素材：光盘/素材/第 12 章/情侣.ai	效果：光盘/效果/第 12 章/技能 266 影印.ai
难度：★★★★★	技能核心："影印"对话框
视频：光盘/视频/第 12 章/技能 266 影印.avi	时长：32 秒

↗ **实战演练**

步骤 1　　单击"文件"｜"打开"命令，打开一幅素材图形，如图 12-39 所示。

步骤 2　　选中整幅图形，单击"效果"｜"素描"｜"影印"命令，弹出"影印"对话框，设置"细节"为 15、"暗度"为 10，单击"确定"按钮，即可将设置的效果应用于图形中，如图 12-40 所示。

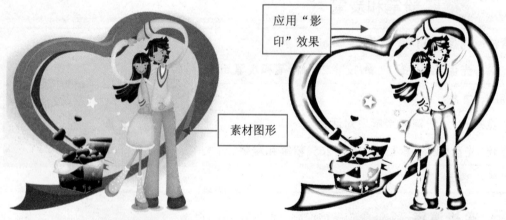

应用"影印"效果

素材图形

图 12-39 素材图形　　　　　图 12-40 应用"影印"效果

 技巧点拨

　　应用"影印"效果可以制作出复制图形的效果。在"影印"对话框中，"细节"可以设置所选图形的细节保留程度；"暗度"可以设置所选图形的暗度效果。

技能 267　基底凸现

素材：光盘/素材/第 12 章/地球仪.ai	
效果：光盘/效果/第 12 章/技能 267 基底凸现.ai	
难度：★★☆☆	
技能核心："基底凸现"对话框	
视频：光盘/视频/第 12 章/技能 266 基底凸现.avi	
时长：41 秒	

实战演练

步骤 1　单击"文件"│"打开"命令，打开一幅素材图形，如图 12-41 所示。

步骤 2　选中整幅图形，单击"效果"│"素描"│"基底凸现"命令，弹出"基底凸现"对话框，设置"细节"为 13、"平滑度"为 2、"光照"为"左上"，单击"确定"按钮，即可将设置的效果应用于图形中，如图 12-42 所示。

素材图形 →

→ 应用"基底凸现"效果

图 12-41　素材图形　　　　　图 12-42　应用"基底凸现"效果

技巧点拨

应用"基底凸现"效果可以使所选图形产生类似凸版画的凹陷压印效果，在"基底凸现"对话框中，"细节"可以调整所选图形的明暗对比强度；"平滑度"可以设置图形的平滑度；在"光照"下拉列表框中可以选择需要的光照方向。

12.8　应用"纹理"效果

技能 268　颗粒

素材：光盘/素材/第 12 章/网络传递.ai	效果：光盘/效果/第 12 章/技能 268 颗粒.ai
难度：★☆☆☆	技能核心："颗粒"对话框
视频：光盘/视频/第 12 章/技能 268 颗粒.avi	时长：42 秒

实战演练

步骤 1 单击"文件"｜"打开"命令，打开一幅素材图形，如图 12-43 所示。

步骤 2 选中整幅图形，单击"效果"｜"纹理"｜"颗粒"命令，弹出"颗粒"对话框，设置"强度"为 50、"对比度"为 50、"颗粒类型"为"柔和"，单击"确定"按钮，即可将设置的效果应用于图形中，如图 12-44 所示。

素材图形

应用"颗粒"效果

图 12-43 素材图形   图 12-44 应用"颗粒"效果

技巧点拨

应用"颗粒"效果可以使所选图形产生由许多颗粒组成的图形效果，并且可以根据图形的色调进行颗粒颜色的调整。在"颗粒"对话框中，"强度"可以设置所选图形的颗粒显示强度，数值越大，颗粒的显示效果就越明显；"对比度"则是用来控制颗粒颜色明度的对比，数值越小，整体效果就越暗，反之，则明度越强；在"颗粒类型"下拉列表框中，系统提供了 10 种不同类型的颗粒效果。

技能 269 马赛克拼贴

素材：光盘/素材/第 12 章/天文望远镜.ai	
效果：光盘/素材/第 12 章/技能 269 马赛克拼贴.ai	
难度：★★☆☆☆	
技能核心："马赛克拼贴"对话框	
视频：光盘/视频/第 12 章/技能 269 马赛克拼贴.avi	
时长：43 秒	

 实战演练

步骤 1 单击"文件"｜"打开"命令，打开一幅素材图形，如图 12-45 所示。

步骤 2 选中整幅图形，单击"效果"｜"纹理"｜"马赛克拼贴"命令，弹出"马赛克拼贴"对话框，设置"拼贴大小"为 10、"缝隙宽度"为 1、"加亮缝隙"为 10，单击"确定"按钮，即可将设置的效果应用于图形中，如图 12-46 所示。

素材图形

应用"马赛克拼贴"效果

图 12-45　素材图形　　　　图 12-46　应用"马赛克拼贴"效果

 技巧点拨

　　在"马赛克拼贴"对话框中,"拼贴大小"选项可以设置拼贴大小;"缝隙宽度"选项则是用来设置拼贴之间的宽度大小;"加亮缝隙"选项可以设置缝隙的亮度。

技能 270　染色玻璃

素材:光盘/素材/第 12 章/我是主角.ai	
效果:光盘/素材/第 12 章/技能 270 染色玻璃.ai	
难度:★★☆☆☆	
技能核心:"染色玻璃"对话框	
视频:光盘/视频/第 12 章/技能 270 染色玻璃.avi	
时长:36 秒	

↗ 实战演练

步骤 1　单击"文件"|"打开"命令,打开一幅素材图形,如图 12-47 所示。

步骤 2　选中需要应用效果的图形,单击"效果"|"纹理"|"染色玻璃"命令,弹出"染色玻璃"对话框,设置"单元格大小"为 10、"边框粗细"为 3、"光照强度"为 2,单击"确定"按钮,即可将设置的效果应用于图形中,如图 12-48 所示。

素材图形

应用"染色玻璃"效果

图 12-47 素材图形   图 12-48 应用"染色玻璃"效果

 技巧点拨

　　应用"染色玻璃"效果可以将所选择的图形用许多相邻的单色单元格填充，同时用黑色填充各单元格的边框。在"染色玻璃"对话框中，"单元格大小"主要用来设置每个单元格的大小；"边框粗细"选项则是用来设置单元格的边框粗细；"光照强度"选项则是用来设置所选图形的光照强度，数值越大则光照越强。

3

综合实例应用

　　通过前面 12 章的技能学习，相信读者已基本掌握了 Illustrator CC 的核心功能和使用方法。

　　本章主要通过 8 个综合实例的制作，将各知识点进行融合，灵活运用各种技巧，举一反三，充分发挥 Illustrator CC 的实用功能。

| 13.1 标识设计——企业标志

效果欣赏	技能导航
凤舞影视传媒制作公司 FENGWU SHOWBIZ MEDIA CREATES COMPANY	素材：无
	效果：光盘/效果/第 13 章/13.1 标识设计 ——企业标志.ai
	难度：★★★★★
	视频：光盘/视频/第 13 章/技能 271/272（标 识设计——企业标志）.avi
	时长：13 分 9 秒
	技能核心："减去顶层"按钮和钢笔工具

技能 271 制作企业标志

步骤 1 新建文档，选取工具箱中的椭圆工具，按住【Alt+Shift】组合键的同时在图形窗口中绘制一个正圆，并填充相应的渐变色，如图 13-1 所示。

步骤 2 将所绘制的正圆连续复制两次，并调整两个正圆的大小与位置，如图 13-2 所示。

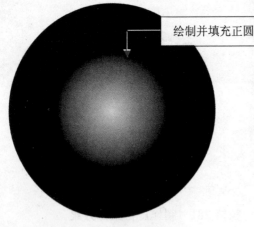

绘制并填充正圆

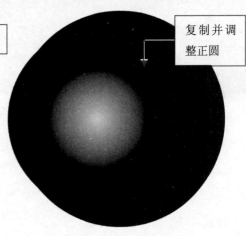

复制并调整正圆

图 13-1 绘制并填充正圆　　　　　图 13-2 复制并调整正圆

步骤 3 选中所复制的两个正圆，单击"窗口"|"路径查找器"命令，弹出"路径查找器"浮动面板，在"形状模式"选项区中单击"减去顶层"按钮 ，即可得到一个月牙形的图形效果，如图 13-3 所示。

步骤 4 用与上述相同的方法，制作出大小不同的月牙形，并调整各图形之间的大小、角度与位置，效果如图 13-4 所示。

步骤 5 选择工具箱中的钢笔工具 ，在图形编辑窗口中绘制一个图形，并填充为暗红色（CMYK 的参数值分别为 34、100、45、18），效果如图 13-5 所示。

步骤 6 适当地调整图形的大小和位置，即可完成企业标志的制作，如图 13-6 所示。

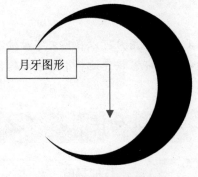

月牙图形

图 13-3　月牙图形

调整图形

图 13-4　调整图形

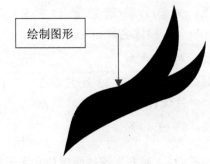

绘制图形

图 13-5　绘制图形

调整图形

图 13-6　调整图形

 技巧点拨

在制作月牙图形时，用户可以在对所选择的图形进行水平对齐后，再使用"减去顶层"形状模式，能够使制作出的图形效果更加标准。

技能 272　制作文字效果

步骤 1　选取工具箱中的文字工具 **T**，确认文字输入点后，在工具属性栏上设置"字体"为"华文隶书"、"字体大小"为 50pt，输入企业名称，利用"字符"面板，设置"设置所选字符的字距调整"为 50、"字符旋转"为 2°，如图 13-7 所示。

步骤 2　选取工具箱中的文字工具 **T**，确认文字输入点后，在工具属性栏上设置"字体"为"华文宋体"、"字体大小"为 21pt，输入企业英文名称，利用"字符"面板，设置"设置所选字符的字距调整"为 60，如图 13-8 所示。

输入名称

凤舞影视传媒制作公司

图 13-7　输入企业名称

输入英文名称

凤舞影视传媒制作公司
FENGWU SHOWBIZ MEDIA CREATES COMPANY

图 13-8　输入英文名称

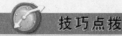

在输入英文字母时，如果没有设置大写输入状态，则用户可以在英文字母输入完毕后，单击"文字"｜"更改大小写"｜"大写"命令，即可快速地将小写字母转换成大写字母。

13.2　卡片设计——横排名片

效果欣赏	技能导航
	素材：光盘/素材/第 13 章/企业标志.ai.
	效果：光盘/效果/第 13 章/13.2 卡片设计——横排名片.ai
	难度：★★★★★
	视频：光盘/视频/第 13 章/技能 273/274（卡片设计——横排名片）.avi
	时长：15 分 49 秒
	技能核心："对齐"浮动面板和文字工具

技能 273　制作名片正面效果

步骤 1　新建文档，选取工具箱中的圆角矩形工具，绘制一个"宽度"为 96mm、"高度"为 56mm、"圆角半径"为 10mm 的圆角矩形，使用转换锚点工具，将圆角矩形左下角和右上角的曲线锚点转换为直线锚点，然后使用直接选择工具调整锚点的位置，如图 13-9 所示。

步骤 2　单击"文件"｜"置入"命令，在弹出的"置入"对话框中选中"企业标志"，单击"置入"按钮，即可将文件置入文档中，然后调整所置入图形的位置与大小，如图 13-10 所示。

图 13-9　转换锚点　　　　　　　　　　图 13-10　置入并调整图形

步骤 3　选取工具箱中的钢笔工具，设置"描边"为浅灰色、"描边粗细"为 2pt，在图形编辑窗口中绘制 3 条不同弯曲程度的曲线和 1 条直线，并对线条进行适当的调整，如图 13-11 所示。

步骤 4　使用文字工具输入相应的文字，并分别对文字属性进行设置；选中需要对齐的文字后，单击"对齐"浮动面板中的"水平左对齐"按钮，然后根据名片的需要对文字位置进行适当的调整，如图 13-12 所示。

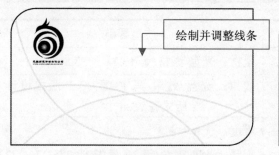
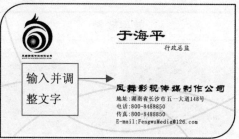

图 13-11　绘制并调整线条　　　　　图 13-12　输入并调整文字

技能 274　制作名片背面效果

步骤 **1**　选中名片正面效果中的名片图形和 3 条曲线，按住【Alt】键的同时拖曳鼠标至合适位置，释放鼠标，即可复制所选择的图形和曲线，再将复制的图形和曲线进行水平镜像，如图 13-13 所示。

步骤 **2**　复制企业标志，并对标志的位置与大小进行适当的调整，选中名片图形和企业标志后，使之水平居中对齐，效果如图 13-14 所示。

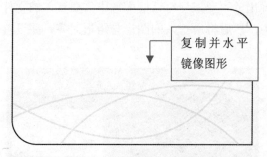

图 13-13　复制并水平镜像图形　　　　图 13-14　复制并调整图形

步骤 **3**　选取工具箱中的文字工具，输入文字并设置文字属性，再调整文字在名片中的位置，如图 13-15 所示。

步骤 **4**　选取工具箱中的矩形工具，绘制一个合适大小的矩形并填充相应的渐变色，将该图形下移至图形编辑窗口的最底层；调整名片正面和名片背面图形的位置和角度，并对名片背面图形添加投影效果，如图 13-16 所示。

图 13-15　输入并调整文字　　　　　图 13-16　名片效果

13.3 版式设计——版式花纹

效果欣赏	技能导航
	素材：光盘/素材/第 13 章/1～3.ai
	效果：光盘/效果/第 13 章/13.3 版式设计 ——版式花纹.ai
	难度：★★★★★
	视频：光盘/视频/第 13 章/技能 275/276/277 （版式设计——版式花纹）.avi
	时长：20 分 25 秒
	技能核心：变换图形和设置渐变色

技能 275 制作版式背景

步骤 1 新建文档，选取工具箱中的矩形工具，绘制一个"宽度"为 100mm、"高度"为 70mm 的矩形，并填充相应的渐变色，如图 13-17 所示。

步骤 2 单击"文件"|"置入"命令，在弹出的"置入"对话框中选中需要置入的文件 1，单击"置入"按钮，即可将文件置入文档中，然后将所置入的图形与矩形对齐，并设置 "不透明度"为 70%，如图 13-18 所示。

绘制并填充矩形

置入图形并设置透明度

图 13-17 绘制并填充矩形　　　　　　　图 13-18 置入图形并设置透明度

步骤 3 用与上述相同的方法，置入需要的文件 2，并调整所置入图形的位置与大小，如图 13-19 所示。

步骤 4 复制所置入的图形 2，并对该图形进行水平镜像，然后调整图形的位置；将图形 2 和复制的图形同时选中并复制，将复制的图形旋转 180°，并调整图形位置，如图 13-20 所示。

步骤 5 参照步骤 2 中的操作方法，置入文件 3 并调整图形的位置与大小，如图 13-21 所示。

步骤 6 参照步骤 4 中的操作方法，复制并调整图形在图形编辑窗口中的位置，如图 13-22 所示。

图 13-19　置入并调整图形

图 13-20　变换图形

图 13-21　置入并调整图形

图 13-22　复制并调整图形

 技巧点拨

在"置入"对话框中选中需要的文件后，该对话框左下方的"链接"复选框呈选中状态，表明置入的文件将是一个链接图形，用户无法对其中的图形进行编辑。

技能 276　设置文字效果

步骤 1　选中工具箱中的文字工具并输入文字，在"字符"面板中设置"字体"为 Edwardian Script ITC、"字体大小"为 12pt、"设置所选字符的字距调整"为 50，如图 13-23 所示。

步骤 2　选中文字，单击"文字"|"更改大小写"|"词首大写"命令，将单词的词首字母转换为大写；并对文字进行换行，单击"段落"浮动面板中的"居中对齐"按钮 ，即可将文字居中对齐，如图 13-24 所示。

图 13-23　输入文字

图 13-24　居中对齐文字

技巧点拨

在设置段落文字时，将光标插入文字之间，按【Enter】键即可将光标后的文字换行，重新生成一个段落。

技能 277 设置版式效果

步骤 1 将所有的图形全部选中并复制，在复制的图形上单击鼠标右键，在弹出的快捷菜单中选择"选择"|"下方的最后一个对象"选项，即可选中下一个图形，调出"渐变"浮动面板，在渐变条上分别设置各渐变滑块的颜色，即可得到不同背景的版式花纹效果，如图 13-25 所示。

步骤 2 用与上述相同的方法，设置以青色渐变填充的背景，效果如图 13-26 所示。

图 13-25　调整渐变填充颜色　　　　　图 13-26　设置青色渐变填充

步骤 3 参照步骤 1 的操作方法，设置以暗红色渐变填充的背景，效果如图 13-27 所示。

步骤 4 适当地调整图形的位置，将四个不同填充色的图形进行对比，效果如图 13-28 所示。

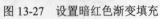

图 13-27　设置暗红色渐变填充　　　　　图 13-28　对比效果

技巧点拨

在"渐变"面板中设置渐变滑块的同时，调出"颜色"浮动面板，用户可以在"渐变"面板中需要调整颜色的渐变滑块上单击鼠标左键，然后直接在"颜色"面板中调整颜色。

13.4 插画设计——生日蛋糕

效果欣赏	技能导航
	素材：无
	效果：光盘/效果/第 13 章/13.4 插画设计 ——生日蛋糕.ai
	难度：★★★★★
	视频：光盘/视频/第 13 章/技能 278/279/280 （插画设计——生日蛋糕）.avi
	时长：40 分 7 秒
	技能核心：几何形工具和钢笔工具

技能 278　制作蛋糕底座图形

步骤 1　新建文档，选取工具箱中的椭圆工具，在图形编辑窗口中绘制一个合适大小的椭圆形，填充相应的渐变色；然后复制椭圆，并适当地调整图形的位置和渐变色，如图 13-29 所示。

步骤 2　选取工具箱中的钢笔工具，绘制一条开放路径并填充渐变色，然后在开放路径上绘制一个椭圆，并适当地调整图形的位置和渐变色，如图 13-30 所示。

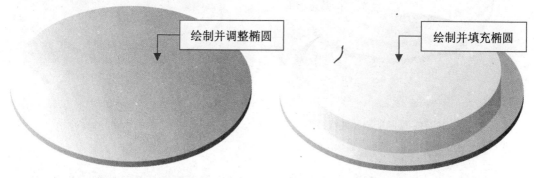

绘制并调整椭圆　　　　　　　　　　绘制并填充椭圆

图 13-29　绘制并调整图形　　　　　　　　图 13-30　绘制并填充图形

 技巧点拨

在图形上使用钢笔工具绘制开放路径或闭合路径时，可能会在下方的图形路径上添加或删除锚点，此时，用户可以在"图层"浮动面板中将下方的图形锁定。

技能 279　制作蛋糕主体图形

步骤 1　选取工具箱中的椭圆工具，绘制一个合适大小的椭圆，并填充相应的渐变色，作为蛋糕主体的底层，如图 13-31 所示。

步骤 2　使用钢笔工具绘制一条开放路径，并填充相应的渐变色，作为蛋糕的侧面，如图 13-32 所示。

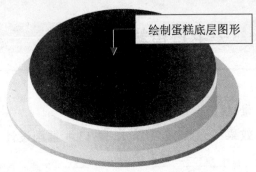
绘制蛋糕底层图形

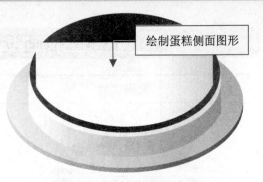
绘制蛋糕侧面图形

图 13-31　绘制蛋糕底层图形　　　　　　　图 13-32　绘制蛋糕侧面图形

步骤 3　　绘制一个椭圆，并填充相应的渐变色，作为蛋糕的顶层，在蛋糕侧面绘制两条闭合路径，并分别填充黄色和橙色，作为蛋糕侧面的装饰，如图 13-33 所示。

步骤 4　　使用钢笔工具和椭圆工具，绘制蛋糕的花饰并设置相应的填充色，然后依次复制花饰并沿着蛋糕顶层的外侧放置；选取文字工具，输入"生日快乐"的英文单词，设置"填充色"和"描边"均为黄色、"描边粗细"为 2pt、"字体"为 Edwardian Script ITC、"字体大小"为 36pt；将单词复制后，设置"填充色"和"描边"均为"红色"、"描边粗细"为0.75pt，将两种颜色的英文单词进行叠加，并调整其位置，效果如图 13-34 所示。

绘制顶层和装饰图形

绘制花饰并输入文字

图 13-33　绘制顶层和装饰图形　　　　　　图 13-34　绘制花饰并输入文字

技巧点拨

　　在使用 Illustrator CC 制作图形的过程中，最好从图形的底层开始绘制，以免造成图形之间的混乱。

技能 280　制作蛋糕蜡烛

步骤 1　　选取工具箱中的矩形工具，绘制一个矩形并填充相应的渐变色，作为蜡烛的主干；使用钢笔工具绘制一条闭合路径并填充相应的渐变色，作为蜡烛的花纹，将花纹进行多次复制，并调整花纹的间距，如图 13-35 所示。

步骤 2　　使用矩形工具绘制一个矩形，设置"填充色"为黑色；使用钢笔工具绘制一条闭合路径，作为灯芯的火焰，在"渐变"浮动面板的渐变条上设置相应的渐变填充色，设置"角度"为 90°、"长宽比"为 45；将火焰复制并调整其大小、位置和渐变色，效果如图 13-36 所示。

绘制蜡烛主干

图 13-35　绘制蜡烛主干

绘制灯芯和火焰

图 13-36　绘制灯芯和火焰

步骤 **3**　选中绘制好的蜡烛，将其复制两次后，分别调整蜡烛主干和蜡烛花纹的渐变填充色，效果如图 13-37 所示。

步骤 **4**　根据图形需要调整 3 支蜡烛的位置，即可完成生日蛋糕的制作，最终效果如图 13-38 所示。

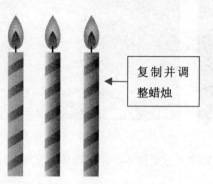

复制并调整蜡烛

图 13-37　复制并调整蜡烛

生日蛋糕

图 13-38　生日蛋糕

技巧点拨

在"渐变"浮动面板中，只有当所选择图形的渐变"类型"为"径向"时，才可以激活"长宽比"选项，结合"角度"选项可以变换径向渐变的角度。

13.5　海报广告——恭贺新禧

效果欣赏	技能导航
	素材：光盘/素材/第 13 章/4～10.ai
	效果：光盘/效果/第 13 章/13.5 海报广告——恭贺新禧.ai
	难度：★★★★★
	视频：光盘/视频/第 13 章/技能 281/282（海报广告——恭贺新禧）.avi
	时长：27 分 19 秒
	技能核心：设置颜色和应用效果

技能 281　制作广告主体效果

步骤 1　新建 A3 大小的文档，绘制一个与画板等大的矩形，在"渐变"面板中设置两个渐变滑块，分别设置为红色和暗红色，设置"类型"为"径向"，效果如图 13-39 所示。

步骤 2　绘制一个合适大小的矩形，在"渐变"面板中设置两个渐变滑块均为黄色，其中一个渐变滑块的"不透明度"为 0%，再设置"类型"为"线性"、"角度"为 90°；然后绘制一个正圆，选取工具箱中的吸管工具，吸取绘制的第二个矩形上的颜色，对其进行填充，设置"类型"为"径向"，矩形图形和正圆图形描边颜色都为"无"，效果如图 13-40 所示。

图 13-39　绘制并填充矩形　　　　图 13-40　绘制并填充图形

步骤 3　运用"置入"命令，依次置入文件 4～文件 6，并根据图形的需要调整各图形的大小和位置，如图 13-41 所示。

步骤 4　用与上述相同的方法，置入文件 7，并在该图形上绘制一个合适大小的正圆，然后调整两图形之间的位置，选中两个图形，单击鼠标右键，在弹出的快捷菜单中选择"建立剪切蒙版"选项，即可建立剪切蒙版，将剪切蒙版移至鼓的正上方并调整其大小，并设置剪切蒙版的"不透明度"为 50%，如图 13-42 所示。

图 13-41　置入并调整图形　　　　图 13-42　建立并调整剪切蒙版

步骤 5　置入文件 8，根据图形的需要复制图形，并调整图形的大小、位置和角度，效果如图 13-43 所示。

步骤 6　置入文件 9，并根据图形的需要调整图形的大小与位置，效果如图 13-44 所示。

图 13-43　复制并调整图形　　　　　　　图 13-44　置入并调整图形

技能 282　制作文字效果

步骤 **1**　选取工具箱中的文字工具，输入文字"福"，设置"字体"为"方正黄草简体"、"字体大小"为 360pt，将文字转换为轮廓图形，填充相应的渐变色，并设置描边为红色、"描边粗细"为 1pt，如图 13-45 所示。

步骤 **2**　单击"效果"｜"3D"｜"凸出和斜角"命令，弹出"3D 凸出和斜角选项"对话框，依次设置旋转角度为-3°、-14°、0°，其他参数保持默认设置，单击"确定"按钮，即可为该文本图形添加相应的 3D 效果，如图 13-46 所示。

图 13-45　输入文字　　　　　　　图 13-46　应用"凸出和斜角"效果

步骤 **3**　选取文字工具并输入 2010，设置"字体"为"方正大黑简体"、"字体大小"为 100pt，将其转换为轮廓图形，使用吸管工具吸取"福"字图形上的颜色，对其进行填充；输入文字"庚寅年"，设置"填充色"为黄色、"字体"为"华文隶书"、"字体大小"为 48pt，如图 13-47 所示。

步骤 **4**　运用"置入"命令置入文件 10，并调整图形的位置与大小，最终效果如图 13-48 所示。

图 13-47　输入文字　　　　　　　图 13-48　置入并调整图形

在为图形添加 3D 效果后，图形的描边颜色将转变成图形制作成 3D 效果后的侧面填充色，其颜色的饱和度比描边颜色低。

13.6 地产广告——和园

效果欣赏	技能导航
	素材：光盘/素材/第 13 章/11.jpg、12～16.ai
	效果：光盘/效果/第 13 章/13.6 地产广告 ——和园.ai
	难度：★★★★★
	视频：光盘/视频/第 13 章/技能 283/284（地产广告——和园）.avi
	时长：35 分 9 秒
	技能核心：应用蒙版和画笔工具

技能 283 制作背景效果

步骤 1 新建 A3 大小的文档，绘制一个"宽度"为 400mm、"高度"为 200mm 的矩形，设置为默认的填色和描边，并使其与画板水平居中对齐和垂直居中对齐；再绘制一个"宽度"为 400mm、"高度"为 60mm 的矩形，在"渐变"面板中设置两个渐变滑块的颜色分别为白色和黄色，并将"白色"渐变滑块的"不透明度"设置为 0%，并设置"类型"为"线性"、"角度"为 90°，如图 13-49 所示。

步骤 2 运用"置入"命令置入文件 11，绘制一个黑白径向渐变的图形，并调整图片与渐变图形的位置，然后建立不透明剪切蒙版，再调整不透明剪切蒙版的位置，如图 13-50 所示。

绘制矩形

建立不透明剪切蒙版

图 13-49 绘制矩形　　　　　　　　图 13-50 建立不透明剪切蒙版

步骤 3 运用"置入"命令，置入文件 12 和文件 13，并根据图形的需要调整图形的位置和大小，如图 13-51 所示。

步骤 4 参照步骤 2 中的操作方法，置入文件 14 并建立反相剪切蒙版，如图 13-52 所示。

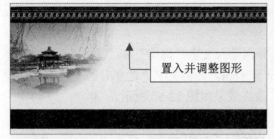

图 13-51　置入并调整图形

图 13-52　置入文件并反相剪切蒙版

步骤 5　运用"置入"命令置入文件 15，并调整图形的位置和大小，如图 13-53 所示。

步骤 6　在"画笔"浮动面板中选中"速绘画笔 3"画笔笔触，并使用画笔工具在图形编辑窗口中的合适位置绘制多条路径，即可添加画笔笔触，然后调整各路径的形状、不透明度和位置；再绘制一个椭圆，设置填充色为暗红色，效果如图 13-54 所示。

图 13-53　置入并调整图形

图 13-54　添加画笔笔触

 技巧点拨

　　在建立不透明蒙版后，用户可以直接在"透明度"浮动面板中选中或取消选择"剪切"或"反相蒙版"复选框。不透明蒙版和反相不透明蒙版有些相似，因此，用户在操作时应当多加注意。

技能 284　制作文字效果

步骤 1　选取工具箱中的文字工具，分别输入文字"和"和"园"，设置"字体"均为"方正黄草简体"、"字体大小"分别为 300pt 和 60pt，利用"字符"面板，设置"和"的"水平缩放"为 120%、"垂直缩放"为 90%；设置文字"园"的"水平缩放"为 120%、"垂直缩放"为 120%，并调整文字的位置，如图 13-55 所示。

步骤 2　将文字转换为轮廓图形，使用直接选择工具选中需要调整的路径锚点，并调整锚点的位置，如图 13-56 所示。

图 13-55　设置文字

图 13-56　调整锚点

步骤 ③ 运用"置入"命令置入文件 16，并根据图形的需要调整文本图形的位置与大小，如图 13-57 所示。

步骤 ④ 选取工具箱中的直排文字工具 T，分别输入文字"锦绣"和"之乡"，设置"字体"为"华文行楷"、"字体大小"分别为 28pt 和 18pt，并将文字"之乡"的"填充色"设置为白色，根据图形的需要调整文字的位置，最终效果如图 13-58 所示。

输入并调整文字

图 13-57 置入并调整文本图形　　　　　图 13-58 最终效果

13.7 光盘界面设计——从新手到高手

效果欣赏	技能导航
	素材：光盘/素材/第 13 章/17～18.ai
	效果：光盘/效果/第 13 章/13.7 光盘界面设计——从新手到高手.ai
	难度：★★★★★
	视频：光盘/视频/第 13 章/技能 285/286/287（光盘界面设计——从新手到高手）.avi
	时长：44 分 35 秒
	技能核心："路径查找器"浮动面板

技能 285 制作背景效果

步骤 ① 新建文档，绘制一个"宽度"为 360mm、"高度"为 270mm 的矩形，在"渐变"面板中设置两个渐变滑块分别为白色和紫红色（CMYK 的参数值为 22、84、0、0），设置"类型"为"线性"、"角度"为-52°；单击"效果"|"画笔描边"|"强化的边缘"命令，在弹出的对话框中设置"边缘宽度"为 8、"边缘亮度"为 50、"平滑度"为 14，单击"确定"按钮，即可为图形添加相应的效果，如图 13-59 所示。

步骤 ② 绘制一个合适大小的正圆，在"渐变"浮动面板中设置相应的渐变色，设置"类型"为"线性"、"角度"为-48°，并添加相应的投影效果，如图 13-60 所示。

步骤 ③ 绘制一个正圆，设置为系统默认的填色和描边，"填充色"为白色，"描边"为黑色，设置"不透明度"为 70%；将正圆复制并缩小，再将两个白色圆形水平居中对齐和垂直居中对齐，单击"路径查找器"浮动面板中的"分割"按钮，即可将图形进行分割，并删除上方的小圆形，将下方被分割的小圆形缩小；然后将图形编辑窗口中绘制的所有圆形水平居中对齐和垂直居中对齐，如图13-61所示。

图13-59　绘制并设置矩形

图13-60　绘制并填充正圆

步骤 4　绘制一个"宽度"为360mm、"高度"为15mm的矩形，在"渐变"面板中设置相应的渐变色，设置"类型"为"线性"、"角度"为90°，将该图形与第1个矩形的上方对齐，复制该图形，并将复制的图形与矩形的下方对齐；运用"置入"命令置入文件17，并根据图像需要适当地调整该图形的大小与位置，如图13-62所示。

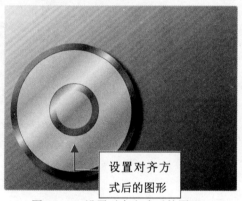

图13-61　设置对齐方式后的图形

图13-62　置入并调整图形

技能286　制作光盘界面按钮

步骤 1　绘制一个"宽度"为96mm、"高度"为24mm、"圆角半径"为5mm的圆角矩形，在"渐变"面板中设置相应的渐变色，设置"类型"为"线性"、"角度"为64°；复制该圆角矩形，按住【Alt+Shift】组合键的同时适当缩小复制的圆角矩形，并填充为黑白渐变色，设置"类型"为"线性"、"角度"为-90°，然后调整圆角矩形的位置，如图13-63所示。

步骤 2　选中黑白渐变的圆角矩形并将其复制，按住【Alt+Shift】组合键的同时适当地缩小复制的圆角矩形，并填充相应的渐变色；绘制一个"宽度"为89mm、"高度"为9mm、"圆角半径"为10mm的圆角矩形，并填充相应的渐变色，设置"类型"为"线性"、"角度"为-90°，然后调整各圆角矩形的位置，如图13-64所示。

图 13-63　绘制并复制圆角矩形

图 13-64　绘制并调整圆角矩形

步骤 **3**　参照步骤 1~2 中的操作方法，绘制一个圆形按钮，并绘制两个椭圆作为该按钮的高光部分，如图 13-65 所示。

步骤 **4**　将矩形按钮和圆形按钮编组，并复制 3 次，调整好各按钮之间的距离后，在"对齐"浮动面板中分别单击"垂直顶分布"按钮 ⬚ 和"水平左对齐"按钮 ⬚；运用"置入"命令置入文件 18，然后根据需要调整各按钮图例的位置，如图 13-66 所示。

图 13-65　绘制圆形按钮

图 13-66　复制按钮并置入图形

 技巧点拨

　　在制作按钮的操作过程中，最常用的是缩放图形和渐变色的调整。图形的缩放一定要注意图形的整体性，而渐变色则需根据按钮的光源和结构进行适当的调整。

技能 287　制作文字效果

步骤 **1**　选取工具箱中的文字工具，输入文字"从新手到高手"，设置"字体"为"汉仪菱心体简"、"字体大小"为 72pt，将该文字转换为轮廓图形，在"渐变"面板中设置两个渐变滑块的颜色分别为白色和洋红色，设置"类型"为"线性"、"角度"为-31°，再设置描边为洋红色、"描边粗细"为 1pt，如图 13-67 所示。

步骤 **2**　将文字图形复制并下移一层，设置填充色和描边均为白色、"描边粗细"为 20pt，然后将两个文字图形进行叠加，并调整图形的位置，如图 13-68 所示。

步骤 **3**　使用文字工具输入其他文字，并参照步骤 1~2 中的操作方法，设置文字属性并制作相应的效果，如图 13-69 所示。

输入文字并设置文字属性

复制并调整文字图形

图13-67　输入文字并设置文字属性　　　图13-68　复制并调整文字图形

步骤 4　使用文字工具分别输入各按钮的功能名称，设置填充色为"白色"、"字体"为"汉仪菱心体简"、"字体大小"为35pt、"水平缩放"为98%、"垂直缩放"为95%、"设置所选字符的字距调整"为440，然后调整各功能名称的位置，即可完成光盘界面的制作，最终效果如图13-70所示。

输入其他文字

输入文字

图13-69　输入其他文字　　　　　　　图13-70　光盘界面效果

　技巧点拨

在输入各按钮的功能名称后，用户也可以参照技能286制作光盘界面按钮的步骤4中的对齐方式，这样可以快速、准确地将文字排列好。其中，"垂直顶分布"按钮用来调整顶图形与底图形之间的距离。

13.8　包装设计——书籍装帧

效果欣赏	技能导航
	素材：光盘/素材/第13章/11.jpg、19~20.psd、21.ai
	效果：光盘/效果/第13章/13.8 包装设计——书籍封面.ai
	难度：★★★★★
	视频：光盘/视频/第13章/技能288/289/290（包装设计——书籍封面）.avi
	时长：32分8秒
	技能核心：添加效果和"封套扭曲"命令

技能 288 制作书籍封面的平面效果

步骤 1 新建文档，绘制一个"宽度"为 105mm、"高度"为 150mm 的矩形，运用"置入"命令置入文件 11，并调整其大小与位置，如图 13-71 所示。

步骤 2 选中风景图片，单击"效果"｜"像素化"｜"彩色半调"命令，弹出"彩色半调"对话框，保持各参数为默认设置，单击"确定"按钮；单击"效果"｜"素描"｜"粉笔和炭笔"命令，在"粉笔和炭笔"对话框中设置"炭笔区"为 0、"粉笔区"为 12、"描边压力"为 1，单击"确定"按钮，即可为图片制作出相应的效果，如图 13-72 所示。

绘制矩形并置入图片

图 13-71 绘制矩形并置入图片

添加相应的效果

图 13-72 添加相应的效果

步骤 3 运用"置入"命令置入文件 19，参照步骤 2 中的操作方法，为图形添加"半调图案"效果，"大小"为 1，"对比度"为 2，"图案类型"为网点，单击"确定"按钮，如图 13-73 所示。

步骤 4 运用"置入"命令置入文件 20，并根据图形的需要调整图形的大小和位置，然后为图形添加阴影效果，如图 13-74 所示。

添加"半调图案"效果

图 13-73 添加"半调图案"效果

添加投影

图 13-74 添加投影效果

步骤 5 绘制一个与风景图片大小相等的矩形，并将其下移一层，设置"填充色"为土黄色（CMYK 的参数值分别为 15、25、100、0）、"不透明度"为 40%，如图 13-75 所示。

步骤 6 绘制一个正圆形路径，选中路径后，单击"窗口"｜"画笔"｜"画笔库菜单"｜"矢量包"｜"颓废画笔矢量包"，选择"颓废画笔矢量包1"画笔笔触，设置描边为"黑色"、"描边粗细"为0.5pt、"不透明度"为47%；将圆形路径复制两次，为其中一个路径添加不同笔触效果，单击"画笔"浮动面板中的"艺术效果_水彩"，选择"水彩描边5"画笔笔触，并设置描边为"黑色"、"描边粗细"为0.75pt，根据图形的需要适当地调整三个图形路径的位置，如图13-76所示。

图 13-75　绘制矩形　　　　　　　　　　　图 13-76　添加画笔笔触

 技巧点拨

在绘制开放路径或闭合路径后，添加的画笔笔触将会根据路径的形状和走向自动进行调节，再设置填充色、透明度、描边粗细和位置，即可制作出水墨画的图形效果。

技能 289 制作书籍封面的文字效果

步骤 1 运用"置入"命令置入文件21，调整文本图形的位置与大小，并将该图形下移两层，效果如图13-77所示。

步骤 2 选择文字工具，输入书冠名称，并设置"字体"为"宋体"、"字体大小"为8pt、"设置所选字符的字距调整"为25；输入出版社名称，设置"字体"为"华文楷体"、"字体大小"为12pt、"设置所选字符的字距调整"为100；输入作者名称，设置"字体"为"宋体"、"字体大小"为10pt，如图13-78所示。

图 13-77　置入并调整文本图形　　　　　　图 13-78　输入文字并设置文字属性

步骤 **3** 选取文字工具并输入书名，设置"字体"为"方正大标宋简体"、"字体大小"为36pt、"设置所选字符的字距调整"为200，效果如图 13-79 所示。

步骤 **4** 选中"成"字，设置"设置基线偏移"为5pt；选中"长"字，设置填充色为土黄色（CMYK 的参数值分别为 0、35、100、10）、"字体大小"为 50pt；选中文字"传记"，设置"字体"为"宋体"、"字体大小"为 10pt、"设置基线偏移"为-5pt，效果如图 13-80 所示。

图 13-79 输入书籍名称

图 13-80 设置文字属性

 技巧点拨

在操作过程中，若置入的是文本文字，则可以对文字进行修改、编辑；若置入的是文本图形，则可以对整个文本图形进行编辑。

技能 290 制作书籍封面的立体效果

步骤 **1** 绘制一个"宽度"为 15mm、"高度"为 150mm 的矩形，作为书籍的书脊，并输入相应的文字，调整文字与书脊的位置和对齐方式；绘制一个合适大小的矩形，并填充相应的渐变色，然后将该图形移至图形的底层，并将其锁定，如图 13-81 所示。

步骤 **2** 选中书籍封面中的所有元素并进行编组，单击"对象"|"封套扭曲"|"用网格建立"命令，在弹出的对话框中设置"行数"和"列数"均为 1，单击"确定"按钮，即可为图形建立封套扭曲；选取工具箱中的直接选择工具，按住【Shift】键的同时选中书籍右侧的两个网格点，并向上拖曳鼠标，然后根据图形的需要调整各网格点上的控制柄，效果如图 13-82 所示。

图 13-81 制作书脊

图 13-82 封套扭曲效果

步骤 3 参照步骤2中的操作方法，对书脊建立网格封套扭曲，并适当地调整网格点及其控制柄；使用钢笔工具在图形编辑窗口中的合适位置绘制一个图形，作为书顶，并填充相应的渐变色，即可制作出单本书籍的立体效果，如图 13-83 所示

步骤 4 将整本书籍进行编组，并进行多次复制，然后调整其大小与位置，即可制作出整套书籍的立体效果，如图 13-84 所示。

图 13-83　绘制书顶

图 13-84　整套书籍效果

 技巧点拨

在制作书籍的立体效果时主要的操作是调整书籍封面和书脊的倾斜度，用户除了使用封套扭曲进行操作外，还可以运用"倾斜工具"调整书籍的倾斜度。